U0545223

老派生活有約吃飯之必要

Dine, and love

陳陸寬

獻給那些接住我的人

「我們去晚餐，我們不要美式餐廳的嘻哈擁擠，
也不要昂貴餐廳的做作排場，我們去家庭餐廳，
旁邊坐著爸媽帶著小孩，我們傻傻地看著對方微
笑，幻想著樸素優雅的未來。」

——李維菁，《老派約會之必要》

目次

2

小吃小吃小小吃

Street bites, little feasts

3

與人喝的酒

Cheers with me

4

那些教會我吃飯的人

Those who fed my soul

5

回家吃飯

Come home and eat

6

約在貓下去

Meet me at the best place in town

INTRO:
約吃飯是重要的事

約吃飯是重要的事。

我想要說的其實是儀式感，但更多一點可能是那個愛。愛吃飯，愛吃飯的一切儀式，愛這一切儀式所鋪陳的畫面、氣味、聲音、人物、食物與酒，場所與整個時空背景。

我們相約在一間家常餐廳，我們慎重但不拘謹。我們在乎，但更多的是期待，心情雀躍，不論是單純吃飯或約會，隨著時間到來而迫不及待。我們走進去，坐下來，噓寒問暖，閒話家常，討論誰要點菜，或今天到底吃什麼好料？

我們愛的所有事物都在其中。

就算沒有所謂我們只有我，一個人，與自己約吃飯，都可以是重要的事。

因為如果沒有了這個對於吃飯的愛，對我來說，餐廳工作與生活過日子，都不可能做得好做得有模有樣做得有意思有味道。

那裡頭不會有靈魂，只有角色扮演與依樣畫葫蘆。

我與老友劉冠吟某晚坐在心潮飯店吃飯聊卦的時候，一個突然，想到了這本書的書名。我想到了所有對於餐飲工作的動力與創意，其實都是來自這樣，一個又一個的餐桌風景。我是如此喜愛著這一切看似輕鬆寫意但絕對不是誰都可以的飯局，也對應到我所開設的餐廳貓下去，我們每天每晚都在囑咐彼此的服務熱情、溫暖有愛，安全與歸屬感，不就是與每一個上門的客人一起完成這一切嗎？餐廳與餐桌，所謂人生，就在其中。而我，我們，就是讓這一切發生的人。讓這一切去豐富彼此，製造情感。

這就是我在不經意的一個瞬間想到的。一個熟陳的男人心心念念的某種熱愛，老派的生活，有約吃飯的必要。這些年我之所以選擇繼續做餐飲工作，繼續在家下廚烹飪，繼續沒事就來相約碰面吃個飯的每個念頭與理由，不就是如此相依相繫，成就了我們是誰與我們的人際關係，以及包含在裡頭的種種情感。

這本書寫給正在閱讀的你，也寫給正在餐廳裡工作的夥伴們。

那個每天的員工餐與宵夜，每一道端出去的食物，每一杯調製的飲料與雞尾酒，我們，工作的人與被服務的人，都是彼此生命中這一餐的參與者。

那就像是我們在家為心愛的人煮了一頓美味的晚餐，或是期待隔天起床會有人為我們準備豐盛的早餐與早午餐；那就像是，知道只要有你有我，就不會讓對方餓肚子，更不會讓對方不開心不滿意不盡興。我們一起，又吃又喝，談天說笑，在低迷需要被接住的時候，在開心需要好好慶祝的時候，在疲憊了一天與結束了一段工作之後，我們一起，好好吃飯，好好喝酒，傾吐與聆聽，發自內心感謝，感謝我們同在這裡，享有美味與開懷、友情與照應，享有應該沒有人會否認的一種幸運。

一種幸福。

一種懂得，相約吃飯。

既老派又充滿愛。

Chapter One

關於我愛的
也不會說不的飯局

Feasts for my loves

城市生活
有相約吃早午餐的必要

吃早餐和吃早午餐是不同的概念。

如果你懂你就懂。

我不是在玩繞口令。

吃早餐說的可能是為了上班或是失眠才會做的事，也可能是旅遊為了當個觀光客才會幹的事。總之你得起個大早，心甘情願或充滿期待，為了某種生理或心理需求，出門去排隊、去枯等，去當孝子或傻子隨便，總之就是為了買的理由可能多過吃的真正需要，而去幹一件說到底就是讓自己累積熱量的事。

我可沒有說早上四點半在台北排阜杭豆漿或是在台南排阿堂鹹粥很蠢，我是覺得，吃早餐這件事如果還有人可以相約一起，某種程度，算是浪漫的事。但身為台南出身、高雄長大，移居台北多年，經歷飯店與各種餐飲工作洗禮的中年男子，還是要說，關於那些天還未亮就人滿為患的早餐時刻，如果不是為了真心早起也飢腸轆轆的人，去喝什麼道地牛肉湯和大嗑一碗福州乾拌麵，都是我到現在還摸不著頭緒的一種行為模式（包含大口吞嚥飯店附的自助式早餐）。

但約吃早午餐可就帥了。

那可能代表一種賴床之後的精神飽滿外加一派輕鬆從容慵懶，也可能是早上運動完後為了填飽肚子而決定的飽餐一頓，更多時候是，一講出早午餐三個字，你不會想到燒餅油條外加豆漿的紅色招牌與日光燈下的油膩膩。

因為說到早午餐，你肯定開心得勒。

你會想到的是那個明亮的空間、大大的桌子、木製的家具以及漂亮的男女；你會想到的是大大的餐盤、黃黃的蛋捲、軟軟的鬆餅還有優格與水果弄成的那盤彩色玩意兒；你更會想到的是熱熱的咖啡、鮮豔的果汁、一堆可頌麵包，還有那滿滿的各式點心西洋把戲。當然，你也有可能會想起某些美麗與哀愁，某個約會過的對象與家裡年邁的老伴，不能讓你好好吃飯的孩子們，或根本已經沒人可以與你來個早午餐的相約與陪伴？

但早午餐就是美好的代名詞，是適合各種心情的好去處，是一個人兩個人或一堆人都可以相約的老派吃飯，也是只要太陽下山前都會讓人有所動能，提起屁股，好好出門的一件事，是吧？

城市生活就是有相約吃早午餐的必要。我想是受了九〇年代的美國影集和美式餐廳開始提供早午餐這個東西所影響——而那也已經不只是端出馬芬麵包放上兩顆水波蛋淋上濃滑蛋黃醬的班尼迪克蛋而已。現在的早午餐，已演化成澳洲式巴西莓果碗和酥脆薯餅結合炒蛋與香腸火腿的另一種極致平民奢華。

我沒有一次約吃早午餐被拒絕的。不管是約會對象或是公司夥伴，甚至是同儕中年大叔。雖說我可能約吃早茶會更符合年紀，但約吃早午餐比較沒有時間壓力，也不會有去到兄弟飯店二樓飲茶和那些叔叔阿姨們一同排隊等著進行類似某種宗教狂熱儀式的無奈情緒。

說到早茶，鼎泰豐可棒了。怕大家不知道，某些分店的週末早上一開門，你熟門熟路的（老）人，就是會把這地方校正回歸，恢復成一家正統的上海點心店來使用。除了可以點一種叫做「小籠湯包」的迷你小籠包配一碗湯，喝著鼎泰豐早上剛泡好的熱茶，吃上幾種蒸籠類的點心，鹹的甜的。如果你是個還懂享受這情調的人（如我），坐在那裡頭優雅安靜的進食，看著滿是吃炒飯嗑抄手配排骨的正常客人，肯定都會有一種優越感浮上心頭——就像懂了別人都不懂的語言那樣——覺得自己夠老派、夠懂吃，夠有格調，並且心滿意足。

是有點離題了。

但相約吃早餐與相約吃早午餐是不一樣的事，現在有懂一點了吧？

如果我們碰巧在這城市裡頭的某個早午餐店遇到了，我想肯定是在一個陽光和煦、天氣宜人的日子裡。因為只有在這樣的芭比電影氣氛下，我可能才有興致去到那樣的餐廳，要了一個人的位置，喝上一兩杯咖啡，吃個沙拉配荷包蛋，夾個酪梨與培根或許。我肯定也會帶本書擺在桌面上裝裝樣子，頭頂可能有副墨鏡，衣著輕盈但帶點美式的老錢調調，襯衫短褲，布鞋，不穿襪子，手帶紳士錶。

這就是我愛的早午餐氣氛。

簡簡單單。就算是只有自己一個人，一切也都是，很好的。

關於我愛的
也不會說不的飯局

我正在回想昨晚都吃了些什麼東西。

一盤水煮白蝦、一盤生魚片、一盤芝麻葉西班牙火腿綠竹筍沙拉、一份生干貝佐野米、一份炸香魚配明太子蘆筍、一份維也納炸牛排、一鍋香草燒羊肩排、一盅薯泥、一小碟烤櫛瓜，嗯……大概，好像，就這樣吧。

記得是先喝了一瓶西班牙 Rioja 白酒，接著是一瓶，喔不對是兩瓶，義大利的 Chianti Classico 紅酒。最後還有喝了一瓶什麼白酒，完全沒印象。醉了。

其實是吃了兩家餐廳，一家西餐，一家海產攤。加我是三個單身男子，年齡從四十到三十。至於是怎麼開始這晚的飯局，完全是個意外。總之是，我和供應貓下去葡萄酒的酒商老闆先去了一個餐飲論壇大拜拜，因為會場人太多，除了逢人講幹話之外已經不知道還能幹嘛，尷尬癌重，決定早早離開，去為我們兩個四十男子的晚餐找個著落。

坐捷運從士林回到中山，想著要去哪吃飯，但身為餐飲從業人員都知道，千萬不要在大家都想吃飯的時間，比方六七點這種時刻，去一家你不認識也沒去過，甚至是生意不錯的餐廳要位置。除了極有可能碰一鼻子灰，等位置等半天，還有可能在最需要食物酒精療癒身心的時候，被不是你喜愛的吃飯節奏，毀了一個其實只想要單純吃喝的正常晚上。

葡萄酒商老闆，暫且叫他 W，後來還是決定帶我去他的老地盤，在中山北路老爺酒店後面巷子裡的一間歐陸小餐館。他說，這個月雖然還要來個幾次與人應酬，但這時候去蹭位置，一定沒問題。

托 W 的福，這家餐廳我跟著來過幾次，地中海料理風格的食物簡單大方，能滿足喝葡萄酒要的餐桌氣氛，服務也親切，約會談事情都適合。菜單不複雜，我覺得是給想吃西餐食物的中產男女，以及 W 這種住在附近的酒咖老闆們，一個可以時常光顧的地方。

我們倆坐在吧檯，直接面對廚房，裡頭除了主廚只有兩個廚師。菜點好了之後，我突然就是一種有局要相約的老毛病上身，決定訊息給，嗯，姑且稱之為 C 的三十歲男子，問他在幹嘛，要不要，一起來吃飯喝酒閒聊兼取暖？

W 是住過加拿大、帶著三個小孩子的單親爸爸，偶爾能出來放風，喝酒就保證沒在囉唆。我們能成為朋友，我想和我們喝酒速度一致（快），也真心喜愛喝各種葡萄酒有絕對的關係。總之這晚從第一瓶白酒開始，我就沒想要慢慢喝了。那是明知道自己不能喝太多但又太放鬆，太喜歡這樣的晚餐相約，所以就放掉了煞車皮，決定交給心情處理就可以。

關於所謂的餐酒搭配，你可以煞有其事，也可以順其自然。我通常會說，只要食物夠好吃，酒順口好喝，我們自己呢，就會有辦法找到開心享用的方法。是不是紅酒只能配紅肉，白酒只能配白肉或海鮮，真的沒有很一定。像我很愛飢腸轆轆的時候喝白酒配任何食物，海鮮也好，牛排也行，義大利麵或是烤肉配白米飯，也都爽快。一口冰涼帶有酸度與水果香氣或礦石口感甚至橡木桶味的白酒，都是咕嚕咕嚕喝下去之後就會開胃醒脾的用餐良伴。

當然也有一個規則是，吃什麼地方的菜就喝什麼地方的酒，大致上都不會錯。所以搭配著豔紅鹹香的西班牙火腿與苦綠的芝麻葉，我們開了一瓶西班牙白酒，絕對是正解。也沒要細細品嚐的意思，從沙拉吃到生鮮味美的干貝，我們一口菜一口酒，就喝完了一整瓶。接著 C 到了，坐在吧檯最外圍，這一晚三個單身男子的局，算是合體完成。我加點了歐風感十足的炸香魚，W 繼續開了紅酒，維也納炸牛排上桌，我除了稱讚很久沒看到這道聽起來浪漫但其實就是「炸雞式牛排」的菜，也職業病的幫大家分切食物。

維也納在奧地利，浪漫的歐風情懷可以繼續，所以我們開了義大利 Chianti Classico 紅酒。

喝酒是這樣的，一個人喝得慢，人多就喝得快。此時的三人成局，除了他倆去抽菸之外，只要我們一回到桌上，敲杯子的次數是愈來愈頻繁，聲音是愈來愈響亮，瓶子空的速度，當然也是愈來愈快。Chianti Classico 是我最愛的義大利紅酒，口感纖細，有骨幹，有漂亮單寧，風味帶著漿果與皮革香氣，總會讓人不知不覺就沉溺到杯子裡，一口接一口，很容易就像是咀嚼食物一樣，把酒漱漱的囫圇吞了下去，一飲而盡。

那是懂得欣賞之後才會有的飲酒痛快，就像是懂得名牌車子好在哪，才能把這車子開得好是一樣的。

放在鑄鐵鍋裡，與香草悶燒同烤至熟軟肥嫩的羊排上桌。W 開了第二瓶紅酒，我則開始幫大家服務附上的薯泥——是有點復古啦，配上薯泥——但在那個處心積慮想做出好吃西餐的美好年代，薯泥做得好，真的很拉風。而薯泥要做得好，重點是要挑對馬鈴薯。進口的褐皮品種是最棒，用鹽水煮熟煮透，局部去皮，搗鬆變成泥土狀，唯一的重點就是要加進大量的奶油去攪和攪和，使其成為一道迷人的、搭配什麼都超棒的，萬能配菜。薯泥，就是要好吃滑順在嘴裡，讓人忘記肥胖的問題在肚子裡。

三個單身男子的第三瓶酒與滿肚子食物之後的話題，大致上不脫去哪吃吃喝喝、哪裡有局有妹、和誰約會，又或者聽到了誰的什麼產業八卦。

C 的本業是做地產開發，但平時興趣是美食美酒，所以餐廳的朋友不算少，他如果不明說，一副什麼都知道的樣子，常被誤會也是做餐飲的。我們就一路聊著餐廳缺人啊，怎麼弄錢啊，誰在騙人或什麼公司最賺錢等等之類的圈內話題。也隨著酒意，開始聊到了生活與家庭、男人脆弱的感情以及種種可以笑笑自己也笑笑對方的這類事情。

我想一個我會愛也不會說不的飯局，就是這個樣子的。就是這樣的組合。因為同病但不一定要相憐，只要約吃飯你記得來，就可以。

寂寞病或裝孤僻，平常要多嚴重都沒關係，但真心的酒肉朋友時不時聚在一起，talking shit 也互相照應。沒有太多利害關係，喝醉也只會笑笑你而已不會真的有誰去在意。

買單更是互相的事情。有你有我，有主約的有自己地盤的。這一晚就是這樣，沒人吵鬧，各司其職，有吃有笑，有喝有愛。我和 C 的食量都算大，酒量也不小，所以離開了西餐小館子，陪著 W 散步回家之後，我們決定要再去續一攤，才能算是完整。

回想起來都是我的問題。這算是我的飲食惡習，很喜愛喝酒吃生食，尤其海鮮，各類魚蝦生蠔貝類。三瓶葡萄酒之後的兩個單身男子，站在台北夜晚的中山北路與長春路口，於是，只好，決定去我們都愛的老地方——林森北路最老牌的海產店「好小子海鮮」。也才有了生魚片與蝦子，以及一瓶我想不起來到底是誰點（該不會是老闆招待）的白葡萄酒。

回看昨晚拍的照片，桌上都是蝦殼，白酒沒有拍到瓶子，生魚片還沒吃完。查了 Uber 紀錄，顯示為 10:19 叫車，嗯，可說是很早就回家（醉）了。

至於說要回家的 W，依然改不了習慣，繞去了他家樓下的居酒屋，又混了幾杯酒的時間，才甘心回家睡覺。

這是我一早滑手機在他的 Instagram 限動發現的。

如何吃一場
麻辣火鍋

我的良師益友、酒友損友，臨終回憶一定會有的好友劉冠吟，正一邊吃著雞腳，一邊又在碎唸我的風花雪月以及加油添醋之後的各種人生八卦。我忙著服務與提醒她和同桌的大家，在這裡吃麻辣鍋，所謂沾醬，就真的只是舀一碗辣湯，加（香）油添（白）醋，再擱點蒜花，就這樣而已。這可是台北才有的麻辣鍋，我強調，或說，這是只屬於台北大安區才有的麻辣鍋滋味。

開始在鼎旺吃麻辣鍋是這十年間的事，而懂得吃台北的麻辣鍋對我來說，也大概就是這麼短的時間而已。雖說從小上來台北，因為姑姑住在東區，都在敦化南路與信義路的交界處混，但真要說開始懂得吃大安路的「鼎旺」，倒是一種成為台北移民之後才慢慢發生的自身飲食覺醒。

真的是覺醒無誤。關於麻辣鍋，也關於吃火鍋。

是你可以聯想到的那種，從窮學生上班族年代的連鎖吃到飽涮涮鍋，再到深夜成人時段的高檔消費川味麻辣鍋，各種型態各式花樣的湯頭水煮麻辣燙，最後常常是去到海底撈那種開大絕一統江湖怎麼吃都開心的綜合式火鍋店。

所以我後來還是著迷家常。真正有品味的家常，在麻辣鍋這件事，也及創意與歷史背景，是低調高雅，也可說是在地，但風味獨具。鼎旺就是了。我在這裡吃鍋，與我另一好友所主持的「詹記」麻辣鍋，得到的是完全不同的情調與體驗。我會說，鼎旺給我的，就是我認定的老台北、老大安、老藍，或老天龍，你想得到的關於台北市東區的什麼形容都可以，就是經歷了兩代人在此地的共同經營才能成就現在如此門庭若市好味雋永。這裡也不是沒有姿態的，但我想那是一種老餐廳都有的姿態所以請別誤會。我的意思是，有種餐廳你知道的：你得先習慣我，才能懂我，然後要常上門，才知道可以怎麼愛我甚至是，我也才能決定怎麼好好愛你。會這樣說是因為，我也是經歷了一段這樣的過程，才獲得認同，才開始變熟，才開始容易要到位置並且，點得到他們其實獨家又限量的那個雞腳。

是的，雞腳。請別以為是那些美食社團愛說的什麼被麻辣鍋耽誤的雞腳專賣店（誰跟你耽誤）。如果你還不知道總之現在是知道了，這裡的招牌，就是那種用電鍋慢滷直至整個膠質化嘴、骨肉分離的雞腳。在一個還不知道疫情是啥的年代，這個源自鼎旺媽媽的家常手路菜，熱賣的程度如果你人臉不夠大，最多就是一人一支要多還真不給。想當然，雞腳噎，吸吮吸吮就沒了，一支有時候根本連塞那些姐的牙縫都不夠！

所以你又發現了，這其實是鼎旺媽媽主持的店。而我這多年的客人加上一些可能同是開餐廳的緣分，吃著吃著聊著聊著在某一天才知道了，原來是因為鼎旺媽媽嫁進了有上海背景的家庭，才衍生出如此不同的麻辣鍋滋味。先是湯頭，我當然沒有白目到想要問人家祕方，但多年的餐飲工作與各種吃食經驗告訴我，這裡的湯頭不論是在選用藥材與牛骨熬煮，肯定很用心在拿捏比例，包含時間，包含味道該到的位置。不管紅湯還是白湯，多年來鍋一上桌我就會先各喝一碗來暖暖胃。沒有一次，真的沒有一次，味道是讓人覺得歪斜或失了準頭的。據說熬煮這些湯頭，直到現在都是已接班許久的大兒子日常例行工作。

我總覺得好像某種文化儀式，有傳子不傳女的特色，但小的妹妹負責運營餐廳外場事務，倒也從媽媽手中接下了餐廳招牌，成了現在鼎旺的頭臉，並延續了那個款待與服務的熱情。就像是一桌又一桌冒著熱氣的湯，映著圍桌而坐的人們，那臉上的表情，顯而易見的，有許多溫度傳遞在眾人之間。這可不是什麼容易或常見的事，得有餐廳的靈魂，得有食物的滿足，更需要的，是那些你一吃就知道回家了的諸多細節組成。不管是點菜時候的食材選擇，或是被招呼與對待的方式、聲音，設身處地為客人著想的設定：加湯加鍋底，協助控制火侯，提醒煮法，收拾桌面，招待小東西。我有時候吃到一半都還要提醒這家店的工作夥伴們說，其實我也很熟啦，不用太過理我，我自己來就行（笑）。

再回到劉冠吟，正在吃著辣湯煮熱的川丸子直說好吃，我則繼續撈著已經煮滿蛤蠣與蝦漿、大黃瓜與菇的白湯，提醒她快給我趁熱喝。是的我總是像個家長，在吃火鍋的時候。我想這可能也是朋友們跟我吃過火鍋就會愛上約我的原因。我樂於服務大家，真的是職業病使然以致雞婆與龜毛，因為我不能接受好好的鴛鴦鍋被煮成泥火山，不能接受任何食材尤其是肉與蔬菜被煮到爛掉死不瞑目，更不能接受大家把這火鍋當澡堂，各種不對的道具髒兮兮的進進出出隨隨便便都可以似的。

所以規則是這樣եի，吃火鍋最重要是，吃到最後湯還要可以喝而且愈來愈好喝才是正確。所以大多數時候，我會先備好道具，白湯紅湯各有自己的湯勺與漏勺，各有夾子或筷子。接著是食材我會安排好，但沒有堅持一定要，是該吃麻辣的就丟紅湯，比方牛三寶比方杏鮑菇比方豬血糕，我個人更喜愛丟進品質好的豆芽菜，讓等等燙牛肉的時候變成一種像是川菜水煮牛肉的吃法。白湯就是海鮮與蔬菜，就是白肉與瓜，甚至蝦；白湯就是吃著各種辣味爽快之後的那個收緩。肉片只能涮，不可以任其在湯裡長時間游泳。該煮久的餃子丸子，就讓它們好好待久一點才能與高湯水乳交融。芋頭，好啦，煮辣的最好吃，但你們這些愛芋小王八蛋最好給我顧好這東西，不要讓它爛掉糊掉在我的湯裡面！

為了什麼到底？

當然是為了最後的湯可以拿來煮麵，可以拿來炊粥，更聰明一點的是可以加點鍋底再打包回家，當作明天後天或任何想要在家吃點好料的湯底。

在鼎旺，有一種好東西只有這裡有，叫做麻油饊子。那是猶如黑人辮子形狀的炸麵條，一束一束的小東西，色澤金黃質地乾脆，想像成是意麵的上海版本也可以，但其實完全不是。我天性好獵奇，起初在菜單上看到這個只有在南門市場看過的東西，後來它就成了我每次來這裡吃鍋必點的玩意兒。好啦當然有時候還是會想吃科學麵那小奸小惡的小東西，但只要與人相約鼎旺來個老派吃鍋，同桌又都是沒吃過麻油饊子的人，我就會堅持要煮一次給大家吃看看。

開大火讓辣湯滾起，丟進饊子開始煮，分量依人數而定（兩個人基本上一份就夠）。手機計時八分鐘不能少但可以多，因為這傢伙，非常非常非常耐煮。時間到，撈起至乾淨的盤子裡，淋上大量香油與一點點白醋（看你喜歡什麼樣的口味），灑上大量的青蒜花，動起筷子，像拌麵一樣拉起麵體讓油水均勻，就可以分食了。

煮這一碗東西，通常都是被稱讚與稱奇的居多。唯一提醒是這不是你以為的麵，用筷子是夾不斷的，你得自行體會如何分得漂亮至大家的小碗裡，這我就不多說了。

至於那個坐在我對面自稱已經飽到不行的社會賢達客家事務局長劉冠吟，當然是受不了這樣又煮又拌的誘惑，即便臉部已經有點因為飽足而逐漸塌陷，還是又嗑了一碗我親手餵上的，鼎旺麻油饊子。

台北的雨

台北的雨下著下著，有時候就沒了心情做任何事情。

陰陰鬱鬱的光線從房間延伸到工作場域，滴滴答答濕濕漉漉，從窗裡頭的聆聽到走上街的踩踏，從屋子裡到屋子外，再一路跟著我們的鞋子雨傘外套，進到了一整天的日子裡。

心情就這樣被偌大偌小的雨，給帶著走給牽了頭，給說服也有點像是放棄了，如果有類似求生意志這東西。

我在中午進到公司，與廚房夥伴們一起試吃了新特餐的牛排，那是用奶油煎得焦焦香香的美式牛排變化版。但沒有任何興奮感。這只是例行性的參與，試驗食物的過程。我儀式性的吃了兩大匙冷凍藍莓，喝了一杯夥伴幫我準備的冰咖啡，看一下資料準備一下隔天講座的內容，打車去松菸參加一場利用回收塑料製作眼鏡的品牌活動。意外的吃了一塊生日蛋糕，但沒有吃蛋糕，只吃了裡面的芋泥和核桃。

整個十月的雨沒有感情似的澆淋在我需要陽光的百無聊賴日子裡。

這天早上，在運動場冒雨跑步，我看著覓食在草地上的各種城市鳥，我想到了寂寞但不知怎麼了也不是真的感到寂寞。文青病、城市病，我覺得雨裡的長跑有一種風景是提醒你人生而孤寂所以你得繼續那種揮之不去。

傍晚時分，叫不到車。肯定是的，在台北這樣陰雨的日子下班的時刻。我一路從松菸沿著光復南路的騎樓與樹蔭下的人行道走著，認分的走著。沿途買了把傘但經不起風吹，必須歪斜的撐著才能前進。我走到富錦街，見了友人們，在一場服裝品牌派對。傍晚的雨夜有明亮的燈光在樹木搖曳雨聲處處的街區上。我慢慢回到了有人聲有人臉的場域，一整天的雨帶給我的那個陰霾，才算是離散。我們等著去吃飯，大夥們，兄弟會，說好的每月聚餐，今天要去一處私廚招待所吃有點台菜有點酒家菜的東西。

回到路上，塞車繼續。雨刷刮著被雨滴渲染的霓虹燈光車流處處。幾個男人的話題大致上就是這樣，講講工作生意，講講誰好誰還好誰現在可是真的好。但至少講講話可以度過塞車在台北的雨裡，我們那緩慢前行需要耐性。我喜歡聽著不同的人講著道理與我不知道的事情，甚至是，一些社會運行的知識以及檯面上與檯面下的進行方式。

終於到了餐廳，推開一道隱密的木門在一個個信義安和路旁的巷弄前院，被帶著進到有點散發高粱味的地下室包廂。有人已經先到，但不意外，大部分人都還在路上，緩緩流動，在台北的雨裡。

男人加上男人以及更多的男人，講著話吃著小菜的過程像是在縮時錄影。男人的人數陸續增加，直到一張圓桌逐漸被坐滿也開始擁擠熱絡。高粱被開起被倒出，壽星們包含我，在被吆喝的生日快樂之下沒有說什麼要喝不要喝的權利，於是小小的杯子就這樣，透明又濃香的液體，在裡面上上下下、多多少少、進進出出。食物魚貫上桌，包含滷味拼盤與花枝軟絲酸酸辣辣的、五香與酒味醃烤的排骨、鱔魚韭黃、炒龍蝦、瑤柱貝、白鯧魚米粉湯與一鍋羹、整條蒸魚與豆腐、酥炸的椒麻雞翅與京醬肉絲、炒米粉，等等等等。

忘記了整天的雨和低迷，男人們大放厥詞，各種嘲諷說笑加上沒有設限的幹話集錦，酒肉不斷，笑聲撐高了天花板。這是這個叫做「斷片兄弟會」每個月都會出現一次的集體行為。男人的組成來自四面八方，各有所長也各有舞台，包含有家庭與沒家庭的，像我，包含賣吃賣喝賣家具甚至賣衣服的。Food coma 是時有之事，在我們約的餐廳，在我們吃到最後的時候。我想著我的叔叔 Peter 以前有時無時也會約我去延平北路的酒家菜吃飯，那老人一桌配上姐姐與阿姨們的特別場景。

此時有人唱歌，有人催促著續攤，有人還在躲，有人則開始起身拉著大家要往下一個地方前進。於是我又回到了台北的雨，在夜裡，在車子行經我所熟悉但又時常感覺孤寂的這個城市，來到了另一處酒酣耳熱的小館小食堂，在一處公園旁。

聽著有男有女繼續藉著慶生歡呼，此起彼落傳遞著高粱酒瓶拉著酒嘴數著秒數，我看著每個人都變成了大學生似的鼓譟也歡樂，又吃又喝，混雜時髦的粗暴的但明顯有著雨氣的潮濕氣味。酒過多巡我走到門外，看著公園裡黑黑亮亮的濕情畫意，回望著玻璃門內的杯觥交錯，我想我已經可以回到台北的雨，繼續回到，屬於我自己的小小世界裡。

但當然沒有這麼容易。這是機率問題。

後來的後來，我坐在另一間新穎的餐酒館門前，與年輕的店老闆喝了幾杯自然酒。回家路上經過一間諷刺傷心但實則開心的酒吧，喝了一杯威士忌highball。然後的然後，我坐在一處熱鬧的吧檯前，與另外兩個還不想回家的斷片兄弟們，喝了什麼我記不得但我有回家。

嗯，我有回家，依然得回家，我一個人的家，在這場台北的雨裡。

颱風假，
我們怎麼約

颱風假我們怎麼約？昨晚說的那些你有沒有當真聽進去？

我一個人在晚餐的時候就已經想到你。我一知道停班停課就開始訊息你。我想說你也是一個人沒事待在家，也是不喜歡到處去的老派人，可能也想要，或許啦，來個久違的家裡吃喝看劇，順便賞風賞雨如果颱風有一如預期，掃過我們的，台北盆地。

颱風假無風無雨還出太陽，我可以先去全聯當個稱職的都市菜籃族，有什麼我就買什麼，我總是如此你知道的，但要先想好哪些可以塞在冰箱裡，哪些放著不要吃也不會壞。

我想你一定還沒起床，但昨天有說可以先一起早午餐。想想我也很久沒在家放大假，裝浪漫也假掰，說要做什麼西式早午餐。我記得你愛的，那慾望城市年代的，大大的盤子要有蛋有肉、有蔬菜有馬鈴薯、有優格有水果，然後是，焦焦香香的烤麵包，吐司配奶油，只要不要是法國棍子麵包，其他什麼都可以。我知道炒蛋比荷包蛋好，沙拉配橄欖油就好，馬鈴薯餅如果用氣炸鍋就可以搞定，至於優格，我看了看，應該配火龍果，兼具顏色與口感的討喜。奶油我覺得可以用軟軟的起司取代，但總之我還是都先放到我的菜籃子裡，和生菜與德式香腸丟一起。

颱風天到底吃什麼最爽快？平常不會吃到的泡麵肯定是的，但我提議吃火鍋有沒有更具體？用電磁爐或卡式爐都沒關係，把湯燒開把料丟好，通通煮熟了再端上桌也是可以。火鍋配電視配冰冰的白葡萄酒，配美食節目還是一點爵士樂，這種老派情調不是誰都可以約在一起。走到超市最美的風景也就是火鍋料展示櫃與泡麵陳列區，我想起那國台語交雜的對話好久不見就先笑了出來。

記不記得有次你說要在家煮火鍋給一家老小，問我高湯要怎麼煮才好？畢竟很會煮飯的媽媽嘴很挑，煮個鍋還被唸，你會面子掛不住。但我的建議通常是台語說的省事事省，沒必要，別假會。煮菜這回事，我的損友廚房廢寶索艾克說過，最重要是量力而為，做好準備，別勝負心太重。雞粉和鰹魚粉很好用，我從當兵在部隊煮團膳到在家煮鍋撫慰寂寥都這麼作弊來著。高湯粉加新鮮蔬菜熬煮熬煮，唬唬五臟廟也已經足夠。

但我知道你歪嘴雞，從小吃得高級，如果沒有日本高級湯粉包，你肯定是要自己煮一鍋才過得去。所以我建議蔬菜洋蔥白蘿蔔，一點點，蔥薑蒜，一些些，冬菜，如果你有去菜市場，雜貨店還可以買蝦米，動物骨頭就用雞或豬，沒有要做麻辣鍋不用買牛骨頭，也沒有要吃涮涮鍋不用買昆布或魚骨頭。不確定那次你後來是用了什麼高檔貨去熬湯，但知道家裡的人尤其是媽媽都吃得開心也滿意，就是了。

今天颱風天，超市廚師不會讓你有亂挑剔的機會，我決定用一點高湯塊與冷凍海鮮配蔬菜來做湯底，或許可以應景配上如果晚點有來的雨。火鍋料是桂冠，沒問題。還買得到青菜就要偷笑，所以如果有豆芽菜我也會放進去。大黃瓜去皮去籽煮鍋很棒，是我們在鼎旺學到的吃法。菇啊豆皮啊好像不是必須，冷凍肉片比較便宜，罐頭和袋裝泡菜是救急妙法。我突然想到少年時代餐飲學校的宿舍伙食，那個鮪魚罐頭配愛之味泡菜，我也煮給你吃過，還記得嗎？

沾醬我們現在好像都不需要了，不過我還是，買了罐香油和醋和醬油，小瓶就好別佔了冰箱，因為在家做菜規則一：不要為了一餐飯，買到像是要避難。

訊息裡頭有說好，過中午再聯絡看情況也看心情，看你有沒有因為颱風假太欣喜昨夜喝多現在成了宿醉的奴隸。我倒是起個早洗了澡，想了一套計畫 A 與計畫 B，喝了杯熱茶也運動完身心舒暢。然而走在超市裡頭的此時此刻，一個中年男子，與一批每逢颱風來襲就喪心病狂的購物狂婆婆媽媽和推著車的兒子爸爸，我只能見縫插針有什麼買什麼。

計畫要有，但聰明的人懂變通，我也得給自己打個預防針。計畫 A 是去你的小豪宅，看電視當沙發馬鈴薯，我安排兩餐兩瓶酒在你的餐桌與廚房，把彼此當豬餵；計畫 B 是你沒空，風雨不受控，我們都出不了門，只剩我自己在家繼續做獨居老人，那我還是會按原計畫，早午餐下午茶，傍晚火鍋然後有個甜點或許。

就算只剩我自己也沒有不行啦，只是想了這麼多內心戲，那種小朋友預期要去郊遊結果變成蹲在家裡的心情，你懂夠？

吃義大利（小）菜，
在餐廳沒有營業的時候

庸才。

訊息裡他這樣回覆我。他說我兩道菜都猜錯，笨。

他說，櫛瓜是拿坡里的，鹹魚乾馬鈴薯是西西里的。我則是記成那個酸酸鹹鹹的櫛瓜是西西里風味，然後另一道根本是拿台灣金門那個做來給人下酒的魷魚乾亂搞義大利菜的涼拌馬鈴薯，我不知怎麼，誤記成是薩丁尼亞菜了。

總之我只是，想記得這一晚，在莫名連續放了兩天風雨不足、政治有餘的颱風假，我竟然去了沒有營業的 Solo Pasta，還帶了一瓶從微風超市買的 2000 年法

國老酒。臨時起意，除了是在家對著電腦工作兩日已經發慌，自己做菜給自己吃已經發膩，還有就是真的想去關心一下這位台灣國寶、號稱本島最會做義大利菜的男人，據說還被義大利官方認證過是真正能代表義大利烹飪的大使，某年 500 盤得了過九盤殊榮而以此為號戲稱作九盤名廚的王嘉平老師傅。

其實不可以說他老。他會生氣，會反擊，會嘴不留情的開始用言語針鋒相對。但保證不是怒氣沖沖。他廚藝之外最讚的就是幽默。是兼具下流與高尚，遊走在諷刺調侃與讚美吹捧之間的妙語如珠。聽他說話，說笑話說幹話，總是一如他端菜上桌時候的那樣讓人喜愛，令人開懷。所以我總是喜愛與他相遇，或說珍惜有他的每一次餐敘。

而他剛剛被自己的招牌砸到頭。不是意有所指，他真的是被自己餐廳外面那塊台語叫做扛棒、上頭寫著 Solo Pasta 的東西，給砸到了頭與後背，於是去急診，還打了一針破傷風。

我因為住得近，想說沒事，穿上外套連傘都沒帶的，就說要去看看他老人家。但老實說，我知道只要他沒事，就是可以去喝杯小酒，聊聊天，或是蹭個冷肉小菜，然後重點其實是聽音樂——是的，他當 DJ——來個特別的音樂賞析。

也就這樣，有風無雨的颱風夜，燈光昏暗沒有營業的義大利餐廳，我坐在門前那張平時給客人吃飯，此刻擺滿音響與唱盤設備的大桌子旁，被重低音不斷的音樂聲給熱烈招呼著。

他的 me time，他說過，就是在餐廳沒有營業的時候，比方天還未亮的一大早，當他在廚房備料時，把那些男人裝備都拿出來架在餐廳桌上，用一個沒人會有意見的超大音量，來個嘣嗤嘣嗤的電子樂，給自己一點獨自享樂的老頭子 moment。

不是才說不可以說他老的嗎？

說真的，當我發現他是認真在聽這些 OG 等級的老 Techno——大概是三十年前我十來歲在聽的另類東西吧——我可是又驚又喜，樂壞了也意外。這做菜出眾的師傅，竟然會聽這種ㄍㄧㄥ的東西，而且還會跟著扭腰擺臀，實在太出人意表。他也不只是聽而已，專業的喇叭音響，擴大機和唱盤機，一應俱全。我從他面對音樂的態度就能回想起來，我們認識的師傅王嘉平，就是對熱愛的事物有著異常的執著。

就像他愛義大利，愛旅行，廣遊地中海；他愛做義大利菜，做各種他所到之處品嚐過的菜；他搞醃肉與披薩麵團餅皮，翻玩義大利名廚招牌菜；他說的道地那就只是基本標準，還有更多的是當地的文化與歷史，他都考究進了盤子裡。

我常說，王嘉平就是我們上一代的廚師代表，那是一個名氣等同於道地的年代精神，烹飪準則是你得去過國外，你要懂得國情，帶上不同的風味與風景，你更要真心喜愛吃飯，喝葡萄酒，喝各種酒，也懂得什麼是品味，享受，之後才能成就一家又一家被食客上門並且欣賞與評論的經典餐廳。這就是我認識「王嘉平」三個字的由來，在千禧年後藉著閱讀葉怡蘭與謝忠道的文章去認識的食

A11
A13 南瓜湯
SOLD 售完 OUT
鴨肝
SOLD 售完 OUT
SOLD 售完 OUT
(可換麥面包)

物與人物，在我的二十來歲，開設貓下去之前的時光。

我從來沒有對他說過他啟發了我。但他確實是一個我在餐廳廚房裡講了很多年的標準：「麵做好，別讓 J Ping 笑我們笨！」

在那個貓下去還在徐州路只有十五坪大的小店做著義大利麵與燉飯的年代，我就是這樣在設定標準的。沒開玩笑，他就是我當時做一些地中海菜的背後靈。跟了我很久的廚師一定都知道也學過，我那個用聖女番茄做的紅醬，就是從他某篇報導中學來的。雖然我的做法和他不太一樣，但概念是他給的。我從頭到尾就沒認為義大利菜就是什麼都加橄欖油而已，但也是因為他所代表的義大利風味，讓我知道或許可以選用風味更多元的西班牙橄欖油，而這都已經是十多年前青春正盛的時候的做菜思維了。這些我通通都沒有和他講過。既使這些年我們多了許多一起吃飯喝酒的機會。

這一晚，伴隨著砰砰叫的電音，基於我對他的理解，他是絕對不會讓我在這天氣上門就只是純聽音樂而已。果不其然，他一走進廚房，我也跟了進去，看到幾個調理盒在檯面上，有顏色暗沉賣相頗差的櫛瓜，也有我一看以為是涼拌大蒜的不知名菜色。出於習慣我當然是伸手就偷吃，但被他連忙制止，說要回溫比較好吃。我不管。吃喝兩口就覺得挺有意思，櫛瓜雖冰但能感覺到油脂與酸，那個大蒜呢，實則是小洋芋，配上酸酸的紅蔥與橄欖，旁邊還有一個甜甜白白的東西我不確定是什麼。

小菜上桌，按照往例，他淋了一堆橄欖油（沒錯）在菜上。他開始指著那個小洋芋說他就是用了「魷魚乾」去做的，叫我吃看看。我一吃，恍然大悟，剛剛那個甜甜白白無法定義的東西，就是我們平常會去超市賣場或南北貨大街買到的那種鹹甜風味具足，要價不菲的台灣魷魚乾嘛！

內心幹聲連連，不過一聽他自己在那邊說什麼洗了多久才讓甜度淡化，我就想說好啦，算了，別再嘴他了（真的懲）。

於是呢，我開始和他交換台灣那些對進口風乾魷魚的理解，講了我曾經也研究過，西門町在日據時期有出現過的一種小吃食物，就是用發泡魷魚來做成炸魷魚。邊吃他的義大利小菜，我們兩個邊講幹話，然後聊到那個櫛瓜，他說西西里做法就是炸過再去太陽下面曬乾，我說我現在喜愛的是櫛瓜切片，灑鹽，放冰箱脫水軟化之後，再配上一樣做法的小黃瓜，綠色加綠色，拌上橄欖油與鯷魚，就會好吃到不行。

在沒有營業的義大利餐廳裡，腦中浮現餐廳平日的盛況，再看著面前這兩道只有他可以端出來賣給客人的小菜，我認真對著他老人家說：「這真的只有你能賣而已師傅……」

「媽的。因為你就是靠臉做菜的！」

我想這樣說不會有人否認。

不管你是否覺得 Solo Pasta 好吃，那些數量龐大的社會賢達持續上門的理由，就真的是，吃王嘉平他那張臉做出來的菜沒錯。

只要是他親手做的菜，就是好吃；只要他親自端出來的用手餵你的，就是美味；只要是他——也只有他能夠——一站出來，就有一種我就是道地，我就是義大利，我就是帥不然你咬我啊的絕對姿態。

真的，不要嘗試跟他比做義大利菜。

完全沒有贏面的。

師傅，respect 喔，下次再去找你玩！

對了，那道賣相頗差的櫛瓜叫做 zucchini alla scapece，那道亂搞的馬鈴薯叫做 insalata di stoccafisso alla messinese，備忘給一樣喜愛義大利菜與王嘉平的各位。

依約，
在紐約

和費拉說想再去一次紐約的時候，她倒是很爽快的說那就再來約一次。我是笑了。畢竟日子在過，通常嘴一下是比較快。

扣除掉疫情後大家說紐約的物價消費貴得驚人（似乎贏過倫敦了），我對於舊地重遊與故人們一起，倒是意願很高。不知怎麼了，我想是某種熟悉感作祟，或說，可能是我們這些老派約會之必要世代的情愫使然。這些年的經歷與改變，加上過了一個生死存亡的疫情，每每講起 2017 年的紐約行，好像還是，有種像是，希望自己再次與那些相熟的人，與紐約這個城市，與那些餐廳酒吧城市地景，再次相遇。

有點像是白日夢。站在台北的某個情境裡，說著想著，那些好像還是昨天去過的某些地方。

如果可以，我還是想再去，住在雀兒喜的 The Maritime Hotel。那是一間位在雀兒喜市場斜對角的古蹟精品旅店，據說曾是船員宿舍，所以每個房間的對外窗都是圓形有如船艙的設計，裡頭保留了大量木製家具和藍色主題的陳設。我依然記得那個厚重門片刻意仿古的大電梯，從大廳一走進電梯廳裡，真的有種走進村上春樹小說裡那個「海豚飯店」的既視感。我也有點想要再和大櫃經理史黛菲碰上一面，聊個天或約吃飯。朋友們都稱她是紐約的老僑，我會很想聽她講講紐約現在的餐飲與觀光。

也一定要再去雀兒喜市場，卯起來吃龍蝦海鮮 raw bar。上次初來乍到什麼都不敢多點，這一次我就不客氣了，不只要當個稱職的觀光客，更要當個勇闖天涯有如安東尼．波登的食客。那些碎冰展示台上的所有蚌殼牡蠣各色鮮蝦，不管三七二十一，通通都給我來一份或一打，沒有吃到過癮，我是不會走的！

散步，但這次我會申請並善用網路。我們依然要一起走上長長的一兩段路，為了某些必定要去的目的地。要先去麥迪森廣場，坐在公園裡一起吃 Shake，即便我們都有點吃不動那麼多的麵包食物了，但點上經典套裝組合 Shack 一起分著吃，也是沒問題的。然後還是要拍一張熨斗大廈的照片，傳給曾經在這附近工作過的劉耕名，當作旅遊必須的線上明信片。接著要去帝國大廈看看空景，走走路順便當土包子。如果轉角那家紳士帽子店還在，我依然會去買一頂帽子當作紀念，我要讓這成為我自己的，紐約必要儀式。

走過布萊恩公園，繞過時代廣場，遠眺洛克斐勒大廈再去逛逛 MOMA 也是必須。這套路線我很確定還要去 The Plaza Hotel 大廳的 Palm Court，再次坐下來喝杯香檳或馬丁尼，重點是坐在那裡，然後才能再走去中央公園找那些老派約會的經典電影場景。比方《紐約情緣》的溜冰場，比方某張板凳，比方坐馬車——我不管我這次就是要坐馬車——以及那個必須要去拍照的約翰藍儂草莓園，為了滿足老人情感，為了還是要傳照片給台北的某些披頭迷們，包含瑪莎和方序中還有梁浩軒，說我呢，又回來了。

有一些想去的店，在 Google 地圖上已標示為永久歇業，疫情中也大概耳聞了。而張錫鎬 David 的 Momofuku 拉麵店和連鎖的 Milk Bar 都還在，我還是會想去感受一點時光移轉物換星移。就算割包和玉米片牛奶冰淇淋我們都不再迷，但想要「再次確定」的感覺一定會揮之不去，一定的。所以只要經過，我還是會毫不遲疑，必定要走進去。

一天安排一段走路與搭一趟地鐵，應該也還是這樣。我還是會一早起來就去繞著曼哈頓跑步，但這一次除了中央公園，我還想挑戰「往上」沿著哈德遜河，跑去更遠的地方看看。一定也還是要去逛逛各個博物館，就算時間有限，可以安排個午餐在 Gramercy Tavern 然後接續晚餐在聯合廣場旁的 Union Square Cafe，把貓下去初期一直在臨摹、當作標竿的兩家丹尼·梅爾（Danny Meyer）紐約經典餐廳都回味一次。即使行程這麼滿，我還是希望這一次真的有辦法坐在 Balthazar 裡頭好好用餐一次，不要只是站在吧檯，當個走馬看花的過客而已。

我還是希望能和瑞婷在紐約碰面，讓她當當地陪與伴遊，如果還有夏綠就是最好。在我的白日夢裡頭就是這樣的人物組成，三娘教子的台北紐約。有這兩位旅遊與美食通，我會安心許多。我們可以賣賣人臉套個關係，看看能不能去世界知名酒吧 Double Chicken Please 跟詹佳恩 Gn 要上位置，體驗一場最當代的雞尾酒美國夢。然後基於好奇，或許一起去美食家好友高琹雯 Liz 提過的幾家我根本說不上名字的現代韓國餐館，或是繼續去吃一兩家韓國新料理餐廳也不賴，比方以烤肉和炸雞為主題的高檔餐廳。我們一定要再去一次 Waverly Inn，那家在 Waverly 街上的美國料理餐廳，雖然很清楚不可能再像上次那樣好運遇見坂本龍一。然後是 Babbo，一起坐在那老牌義大利餐廳的吧檯上吃午餐，肯定還是很棒。

因為夏綠的好人緣，我們當然一定要去找一下 886 和 Wenwen 的老闆史官 Eric，體驗一個台灣人在紐約的成功餐廳是怎麼一回事。還要去 Win Son 這家在布魯克林有點台灣風格的餐廳，據說他們還開了一家販賣美味燒餅油條的早餐店。關於紐約與倫敦的新餐館新甜點新潮流，我總是聽著我這兩位貓下去 girl 說了許多，如果能在紐約同行，肯定是比坐在台北貓下去裡頭喝酒閒聊、發夢遙想，要來得感動。肯定的。但我還是會堅持要去東村 Houston 街吃 Katz's 的大大燻牛肉三明治配酸瓜，這一點，是我唯一堅持的老派行程必須要有。這食物與餐廳場景對我來說，就是紐約必備的臨終記憶。

如果肚子還有位置，我們就再選一間經典的牛排館去用餐。我還是渴望知道那個混雜焦化奶油與焦香牛排的氣味真實存在於紐約這個原產地的氣氛是如何。據說 Peter Luger 現在服務態度變得很好，而位於百老匯附近的那家老牌經典

Gallaghers Steakhouse 我很想去一探究竟。

務實一點，對於我們自己的理解以及當下走在大蘋果的想像，吃吃喝喝終有限度。而走走看看，喝喝咖啡，吃吃可頌甜甜圈，找個地方來個一兩杯適切的葡萄酒，吃個 diner 餐廳逛逛公園市集，去幾個 Asian 經營的館子串串門子，或許會是比較容易找到開心的老派旅行有相約紐約的心情。

至於去知名的 Chelsea Hotel 門外拍個照，或發願這次一定要坐渡輪去看自由女神，甚至是走一個電影《再見機器人》行程去康尼島看海玩遊樂園，我想，都是可以繼續在白日夢裡持續發酵長大的。

如果可以，我還是想再去，去 The Maritime Hotel 旁邊那間深夜的披薩店，看看那個戴著墨鏡站在霓虹燈下鏟披薩給我的店員是否還在。我也還是想在早晨走出旅館，步行至附近那間經典貝果店，學著前面的客人，和櫃台後的黑人店員點餐，來上一個夾了燻鮭魚與酸奶肯定都還是會讓我們吃不完兜著走的，紐約貝果。

夢回依約，在遙遠與眼前。寫完了這些我回到了真實台北，還真是隱約恍惚，猶如發夢，去了縮時錄製的，旅行一場。

STILL HERE
NEW YORK

Chapter Two

小吃小吃
小小吃

Street bites, little feasts

小吃小吃
小小吃

並不是每天都大魚大肉。

也不是每天都進出高級餐廳吃香喝辣。

更正確來說，也沒有每天都在家設宴或上館子吃飯。

過日子，一路走來，從南到北物換星移，我多數仍是與小吃度日，從早到晚，獨自一人，也可與人相約一起。

小吃是我們最自然表露自己的狀態。騙不了人的。關於口味的養成、偏好與塑造，以及一種城市認同。比方說，我們在台北的早上，就是有些時候會想去中正區吃個福州麵或傻瓜麵。懂嗎？這是只要待過台北，或久離台北，就會想念的一個味，一碗白淨素麵，上頭只有蔥花而調味只有辣渣與醋，配著原本的油拌風味一起加總，然後再來一碗魚丸或餛飩湯，這一頓早餐，光是看就知道我們在台北，懂的人更可以說出是在愛國東還是建中旁。

小吃無需風花雪月。我們就愛去汀州路買個菜肉包鮮肉包豆沙包，搭著車，一邊嗑。一碗帶湯的酸菜麵，上頭擱一顆煎香的荷包蛋，遙遠的夜店年代，這碗經典小食是西區早晨的解酒良方。韭菜盒子，在萬華某個快到堤防邊的小路旁，大大一顆每次都覺得吃不完，但有時無時，還是會想到買一個帶著，再上中央市場去採買。飯糰蛋餅燒餅油條，總有吃習慣的一家店，午餐想到了牛肉麵，也總有一碗清燉一碗紅燒在當下的心裡面。排骨飯，西門町；豬腳飯，北門旁；米苔目米粉湯，旁邊有鯊魚煙那家總是有人在排隊。

臨時起意會去慈聖宮喝豬腳湯，永樂市場喝青草茶，騎機車自然是最方便。去雙連吃滷肉飯，總是要外加對面一份燒麻糬。中山區的白天，以前在雜誌社上班，有時會去一家叫做阿田的麵攤吃點遙想南國的鄉愁，雖然離我那高雄養大的豬油拌麵標準還是遠，但餵飽身心，已足矣。

小吃如此重要，在我們生活中的想望。比方吃到一碗真正美味的紅油抄手時的滿足？比方吃到老牌手工水餃時的點頭稱讚？比方一袋加了酸菜辣油與雞腳翅的滷味？一顆府城口味的肉粽？一份山東風味的燒雞與一攤總是食材琳琅滿目的鹹水雞？我們光是約吃小吃就組成了生活的樣貌。不管是帶走或是在那裡吃完再走，我們總是要去到「那裡」，才算是真正的「吃到」。這很重要，對我來說。連偶爾買的鹹酥雞也是。那個街區風景與市井小民的接合，食物氣味的加總，然後是我們感官的臨場反應，各種狀態，吹著冷氣還是揮汗如雨，耐著性子排隊或是有人先去佔位，都是相約小吃之情調必須。

小吃也說明了我們是誰我們為何在這，怎麼會兜在了一起？起了個大早天還未亮，就為了要一起喝一碗久久不見的鹹豆漿。

小吃小吃小小吃，小吃就是我們不分年紀男女老少好像都能嘴一下的話題。是種關心，也是關乎品味。

「平常你都吃哪一家呢？」

｜附錄｜

2024 年，我有幸擔任聯合報「500 碗」評審之一，要選出十碗我在這一年吃過，認為最值得回味的小吃食物。如果有興致約吃，以下就是我的名單：

▌台北市中山區遼寧街正記麻油腰子——米糕

經營了兩代人的遼寧夜市小吃之寶，檯面上的豬雜（心、肝、肚與腰子）片片都是適口大小，其處理方式看得出店家的乾淨利落。雖然招牌是麻油與清湯煮豬雜系列，但我想推薦的是他們那碗非常精簡耐吃，味道樸實反映了庶民小調的米糕。糯米與肉燥倒扣而成的米糕，再淋上特製的油膏，每每想來喝湯，都會覺得沒點米糕就可惜，就怪了，就，不完整了。

▌台北市大安區鼎旺麻辣鍋——午間限定麻辣牛肉麵

大安區大安路，中午時分，內行人吃的門道，一定有鼎旺麻辣鍋的午間限定牛肉麵。想當然，我要推薦的是麻辣牛肉麵。有上海家族背景的鼎旺第一代傳承下來的湯頭，其滋味之優雅明亮，麻香與藥材之和諧，無人可以比擬。肉與麵是滿足的來源，但因為湯，那碗，才會圓滿。

▌台北市大安區 1976 港式點心——豬肝撈麵

老字號的港點餐廳，東區的 1976，粥煮得好，撈麵更是整日的好味道。豬肝撈麵一直是我的心頭好，這裡的豬肝處理得極嫩，麵條細彈油香，扣除對港式撈麵的認知，我認為就是東區最好吃的一碗「乾麵」。

▌台北市中正區林家乾麵——大碗乾麵

牯嶺街老中正區一代許多餵養庶民的食物中，就早午餐時刻的林家乾麵，最具簡單雋永的食風情。在泉州街吃福州麵，舒國治老師是這樣說的，你要能品味一碗淨白素雅帶著油脂與鹹醬油的麵，需要一點情懷的養成，歷史的略懂，與地緣的認同，然後就或許，吃得懂了。而我，一個脫南居北的本省三代小孩，自二十七歲愛上這一點也不傻瓜的麵之後，也已經是第十七年了。建議總是，好吃的乾麵，能點大碗的，就絕對不要點小碗。

▌台北市中正區阜杭豆漿——內用豆漿

豆漿是這樣，普通的湊合的將就的，一堆，但好喝醇香的，一喝就知道了。對於老中正來說，阜杭豆漿的現在猶如觀光禮品店的伴手禮讓人一包一包帶走是個風景，但真正懂的人是早早去，排了隊，領了東西，坐下來內用。用碗公喝那碗豆漿，不管是鹹甜熱涼，不管配著燒餅還是油條，都是一口就見真滋味，都是一段藉著食物與歷史，迷人又饒口，確幸又感人的，real small talk ！

▌台中市西區麵哥麵嫂——雞卷丸子湯

兩代人從麵攤經營成小店面，整日營業，是正港在地人的日常滿足所在。場所乾淨明亮，小菜食物多是處理乾淨的豬與鴨下水雜碎。我在台中遇見的碗中風情，就屬這裡的雞卷丸子湯，最為著迷。湯頭有著擔仔麵風格的燙滷菜滋味，會隨生意好壞時間區段而有所濃淡，配上小巧雞卷的淡淡五香與嚼勁，再接一口貢丸，這就是我的台中愛。

台東市開封街品味鵝肉店——旗魚飯

一天只營業傍晚四小時的小小美味鵝肉攤，是在地人才知的真好味。菜單上旗魚飯三個字，在一堆鵝肉裡頭格外顯眼引人好奇，實際上桌則是一碗鵝油拌飯擱上高湯川燙過的旗魚腹肉，沒有視覺上的亮點，但吃一口就停不下來，油脂加油脂，鵝香配魚香，特別滑口豐腴。我在台東放浪的日子，每到夜晚最想念的，就是這一碗。

台東市浙江路花式蔥餅——蔥餅加蛋

我知道這不是一碗一份的小吃，但絕對是台東必吃，專程來都值得，一次吃上兩份可能還覺得不夠。我認為這是變化版的山東蔥油餅，是麵團抹油擀薄捲起再擀薄的一種高手藝，只是龜毛的老闆做工更細緻，手法更靈巧。常常不賣的原因有時候是說麵沒發好，有時候則沒人知道，但沒有一次下午三點半到這個路口排隊吃上一份，會覺得失望的。一定要加蛋，一定要加辣，一定要點兩份，以免吃完一份意猶未竟想回頭買卻見排隊人潮……

高雄鹽埕區大胖麵——豬油乾麵

身為高雄港子弟，我總是要強調，高雄，是台灣最被低估的乾麵城。高雄的麵，是細麵，是彈 Q 甚至硬的麵，是淡白黃的麵粉色，是拌上各種油脂都會讓你吸吮忘嚼的特別滋味。尤其是晚上新樂街的大胖麵，大碗的豬油拌麵（沒人在點小碗的）。如果你要知道什麼是高雄老城區的夜宵極致，來吃一碗這東西，你就知道自己會不會愛上高雄了。這是別處沒有的滿足。加上魚丸湯與下水料，切一大盤滷菜，新樂街的現在，晚上的風景，就在這張桌子上。附註：這個店面晚上是大胖麵，白天是另一間早餐名店阿忠米粉湯，厲害了吧。

▌高雄鹽埕區冬粉王——鴨肉冬粉湯

高雄吃鴨肉的地方很多，喝鴨肉下水湯的地方也很多，但少有人知道鹽埕區早午餐最棒的地點，真正的閒散滋味，就在這。冬菜是湯底鹹香的由來，鹹水風格的鴨肉則滿足了口慾，至於冬粉，嗯，反正就是不可以沒有。單純喝湯和來一碗冬粉湯，滿足感就是，大不相同。七賢路上的冬粉王現址空間寬敞明亮，冷氣毫不小氣，是整個鹽埕區我最推薦的早午餐必去經典。

▌至於這一年的遺珠——台北市中山區遼寧夜市客家自製湯圓

這也是我心中的遼寧夜市台北小吃之寶。經營了兩代人的品味與手藝傳承，看起來一派輕鬆寫意，不過是紅白圓仔、芋圓與地瓜圓、麻糬、芝麻湯圓與豆花，然後是珍珠、糖蜜芋頭，以及愛玉、仙草、粉粿組合出來的八寶冰。然而根植於台南高雄人血液裡的甜品基因，這種從小吃到大的東西就是，吃一口就知道高下。我會說這裡頭就是一切都那麼的剛剛好：剛剛好的 Q，剛剛好的彈，剛剛好的軟，剛剛好的香氣四溢。除了南部小孩覺得永遠不夠的甜度，所以有時候我白目，點了粉圓冰還會吩咐老闆要，甜一點。這是墮落，請不要模仿學習。喔對了，我最常吃的一碗是綜合小湯圓，冬天喝熱的夏天吃冰的，就這樣！

相約在，
清粥小菜

曾經的曾經，在疫情爆發前，我，一個餐廳老闆，如果帶著年輕同事或各類酒肉朋友，在半夜酒吧相愛相殺衝浪三巡之後，總愛在情緒亢奮與意識漸失的當下，眾人皆醉我半醒，藉著一種近似鮭魚返鄉的動物習性，外加一股無法拒絕的吆喝，把大家給一起拉著去了復興南路那永遠亮著綠色霓虹燈照亮著夜色的小李子。

而且從來也就只有小李子。絕對不是無名子或我根本講不出名字的其他家。除非小李子沒開門，除非想換口味吃滷肉飯或燒餅油條，不然不會有另外的選項出現在《腦筋急轉彎》的控制台上。這裡就是我的溫柔鄉、我的老鄉愁、我的台北味，我的階級提升收入證明我的身分認證。在我還住在台北老南區，牯嶺街的那年代，這裡提供了不只是我喝完酒的必要滿足，還給予了我肚子空虛遊離失所的那些時時刻刻猶如家一般的安安穩穩，妥妥當當。

怕你不知道，自己先去亂谷歌，小李子近年上新聞的除了有 ABC 在裡面吃粥吃到神仙打架，還有一則是，這個地點，這間活傳奇，也因為建物都更問題，面臨搬遷的命運。於是所以，有些時候，即便我早已遠離了南區生活，但想念與情懷使然，我還是會在較為不熱門的時段回到這裡，點些熟悉的菜，與自己的獨處，低調回味。

我向來只吃白飯不吃粥。或是現在根本連飯也不要了。我不愛粥的空虛感，也時常想到小時候早餐跟著父親喜好吃粥，那不是宵夜的滿足，不是扎扎實實的東西。對我來說，好菜要配飯，好餓要有飯，吃好吃的飯，吃完就開懷。

所以時常是喜愛點「是蛋的菜」，蝦仁滑蛋、番茄炒蛋、鹹蛋苦瓜、宮保皮蛋、菜脯蛋、蔥花蛋、醬油荷包蛋、玉米蛋，只要有蛋，就能先嗑上一碗飯。再來點涼拌豆芽菜、青蔬花椰菜，或茄子，我就能得到無上的滿足。有點興致的時候才會想吃的，是麵筋、吻仔魚、滷肉、腸旺，某些素料，或有種紅紅甜甜又鹹鹹的東西叫做豆棗。

人愈多愈好點餐是不爭的事實，但說真的相約清粥小菜，兩個人最得宜。人一多起來齁，都會像是在當兵，部隊感很重，加上我常常又是家長的角色，買單有時也覺得這些年輕人餓死鬼的，把我當火山孝子在洗也是沒在客氣的。

不過認真說來，點滿滿的一桌菜，在這些要價不菲的台北清粥小菜店，光是看，都會讓你很難忘記。肯定會讓你記得曾經的某一個晚上跟著那個叫做貓下去的老闆陳陸寬，熟門熟路的去了某些據聞很有名的宵夜店來了一頓所謂的「清粥小菜不要粥只要飯」。

兩家我最愛的店，一是小李子這大安區天龍人在吃的，另一中山區的小品雅廚，則是我把住所從南區移動至圓山再到中崙之後，才開始出現在我的台北吃喝光譜上。這店雖謂小品與雅廚，但店裡頭也經常擠滿社會販夫走卒有錢沒錢的各種。以前只是常常要等位置，現在則是要你領號碼牌。愈來愈多人知道就愈來愈多人分享在社群然後就愈來愈多莫名奇妙上門的人，導致我現在呢，有時候是，想到就畏懼，就失了興，就覺得遠而發懶，想想還是在遼寧夜市吃吃切仔攤的小菜便行。但小品的美味是真切的，收錢的金額也保證是有感的。只不過比起小李子，這裡對我來說還是少了些人的氣味，以及一段初來乍到，從下港人成為真正台北人的絕對記憶。

關於小李子，那些夜復一夜，從門口一進去，偌大餐檯後面招呼你要不要來份滷肉或臭豆腐的大姐、時常幫我舀菜的那個和我一起成長（變老）的小姐姐、似有若無但你知道都是同樣的那幾個阿姨大哥，然後是永遠五花八門還打了架上新聞的形形色色各行各樣台北才有的都會男女。

這裡就是我的來時處。

所以每當又回到那樣的深夜酒點鐘，毫無意外沒有例外，就算我已經到了不能再吃宵夜的年紀，那個無法割捨猶如DNA已經刻入身體裡頭的蠢蠢欲動清粥小菜必須要有的念頭，就會帶著我，進入某種失智老人的狀態，坐上出租車，幽幽的，繼續回到這個不用指南針都能抵達的暗夜燈塔。

你問我有沒有什麼必吃的？

沒，就是吃小李子。

端看你是不是要跟我約一局讓我請客而已（笑）。

一個人的宵夜，
我想說的其實是

一個人的宵夜之必要，有時候並不是取決於當下餓不餓，而是一種擇日不如撞日的氣氛使然。

一個人的宵夜，有時候並不是因為覺得什麼美食沒吃過很可惜一定要去試試，而是純然一種好像還有空虛寂寞沒有弭平無法回家所致。

那可能是一處麵攤的某碗乾或湯的麵再配上滷蛋皮蛋豆乾小菜，也可能是熟悉的區域熟悉的一家在地清粥小菜，有些晚上可能只是夜市切仔攤的蔬菜湯與豬心肝，或是想到就要吃到的炸酥酥的不管是甜不辣或雞排米血糕都可以。

太多太多的一個人的宵夜，想要解決的不是真的飢餓，而是一個渴望的念頭。一種溫度與一種歸屬。一個人與其他人同在的氣味與聲音。一種動物性的迴游，在夜晚那個什麼都停下來而自己感覺好像有點發慌的時刻。

就算已經有過晚餐，就算已經不能再胖，就算被人警告不可以偷偷摸摸繼續墮落，就算你知道吃下去就得在明天後天大後天做出必要的各種償還動作。

但一個人的宵夜，只要想到了遇到了路過了出發了，就必須要獲得真正生心理層面的滿足，包含點餐的快感還有視覺上的痛快。

絕對沒有坐下來還決定小情愛的。更沒有坐下來還反悔站起來的。一次就點好各種當下的心頭好，一個念頭就是下一次可能不再有這樣的機會。豬耳朵好想吃，點。三色蛋，點。紅糟肉，點。鯊魚煙和韭菜，點。難得路過了深夜的米苔目與紅燒大腸，點！

而且碰巧看到本來沒想到的成堆燙熟色澤鮮紅的蝦子，怎麼可以沒點？就算只有一個人，就算明知道自己沒可能吃得完，還是要，點。

一個人的宵夜是這樣的自得其樂，沒人可以說三道四出手阻止；一個人的宵夜是一個人的世界，一個人的說好就好；一個人的宵夜是，怎麼吃都應該是要有種旁人只能猜測甚至羨煞的狀態才對，光是拍照上傳限時動態都會招來羨慕與好奇才是。你管我怎麼吃，我就是光喝個裡頭只有大陸妹的切仔攤風格蔬菜湯都會讓你讚嘆不已。

如果還有甜點就過分了。

一個人的生活就算沒有人可以相約，自得其樂其實也就可以。

一個人的宵夜，我想說的其實是。

（嗯，如果有人發現我說了很多的是那家林森北的高家莊。）

吃甜點的情調

偶爾會在晚上想吃個甜點。

可能是在飽餐一頓之後的那個停頓，或是在不甘寂寞的夜晚還沒進到家門前。想要來個甜點，那個心情，有點像是要為一個句子，好好壓下最後一個完整的句點。我在某些時候會覺得這是一天結束前的必須——來一點甜的。尤其是與人相聚的飯局結尾，或說，是與約會對象的最後一點合乎禮儀，表達品味的，餐後加時與延長纏綿。

一塊或一盤，一份或一碗，不管是冰淇淋或蛋糕，甚至台台的碎冰加糖漿，只要能一起分享，搭配笑聲與談話，一杯熱茶或咖啡，葡萄酒或烈酒，陪襯著緩緩的音樂，或許都會是，一種難得又美好的，人生情調。

但我想要說的是一種，有所選擇的甜點時刻，不是在高級餐廳吃完一整套精工料理之後的那個回彈式高潮（或平淡）。我覺得，那是一種討論之後才有的決定，會造就最棒的甜點氣氛。是吧，光是看著甜點單，或是走近發亮的甜點櫃，一邊欣賞研究、交換意見，就能產生一種化學效應，在看不見的空氣中瀰漫一種喜悅與滿足，甚至是想像。

「真的要吃巧克力蛋糕嗎？那我就要喝杯熱熱的咖啡才行吧！」

大家可能不知道，美式牛排館總是能扮演好這樣的角色。大家都會先想到牛排、慶生、與情人約會、高級消費，而遺漏了或說沒有使用過，這些牛排館裡頭才有的一些小情調與經典服務。

拿經典的茹絲葵來說好了，在上完主餐之後，服務的人會適時上前詢問是否想要來份甜點，並且靈巧的將你可能在經過整個餐室前往洗手間的途中會看見的——一個大托盤上面擺放的各式「大尺寸」模型甜點，包含烤布雷與起司蛋糕或蘋果派，端到你的桌邊，讓你直視一個個經典的美式甜點，同時聆聽介紹。那是視覺加聽覺的催眠，也是一種趣味給懂的人去享受，畢竟有時並非真的想吃完一份明顯過大的甜點，而是要一個感覺，就像前面說的——你會開口問，而對方會思考與回答，然後是等待看著甜點被端上那張鋪了潔白桌布的桌子，配著搖曳的燭光與彼此開始動起來的湯匙與叉子。

關於這個情境，我的經驗，總是會有一開始說吃不下但後來就一邊聊著聊著，手與嘴動著動著，慢慢變成盤底朝天的狀態。

搭配可以一直續杯的熱咖啡——這是每一家美式牛排館都有的服務，我有時無時，就會走進去餐廳要了吧檯的位置，在晚餐結束或是下午的約會，點個甜點配著咖啡，單純聊天。

如果你想知道多一點這種地方，位在微風南山 47 樓整天營業的另一家美式牛排館 Smith & Wollensky，下午三點後的吧檯位置，堪稱是我心目中台北最棒的下午茶去處。在那裡，點上一個招牌的巨大巧克力蛋糕分食，眼前是正對台北 101 的高樓窗景，只要你能等待到夕陽時分，光是眼前所見之景致就值得專程前往。

若是庶民一點又有水準的地方，在台北，我始終會說是經典的澳洲式咖啡餐館 Woolloomooloo，尤其是信義路上那一家。你總是可以在一天的某個想吃甜點的時候，去到那偌大玻璃門後、放滿各式點心的櫃台前，和店員點上幾份好東西，喝一杯葡萄酒或澳洲式的各種咖啡飲料。

這裡可以給你比傳統美式糕點更多的滿足。比方美味的肉桂捲、藍莓塔、香蕉奶油派、濃郁的巧克力布朗尼、滿黃色滿檸檬香氣的糖霜磅蛋糕，還有一堆製作精良的酥皮可頌——尤其是上頭黏滿杏仁的那個。一切都讓人很難不退化成小朋友般，理智斷線，什麼都想要，就是時常有的局面。

關於甜點，對我來說，重點真的不在於 fancy 而在於實在又耐吃，這才是我愛的也永遠不會說不的那種東西。

我當然也喜愛品嚐做工精細、滋味細膩的法式甜點，也深愛質地綿密、各種派別的上好冰淇淋，有時候對於那些邪惡的巧克力奶油蛋糕或現在正紅的巴斯克起司蛋糕呈現溺愛而無法自拔。但隨著年紀，我深知有些東西，要慢慢知所進退，要適當的，保持安全距離，也就是用眼睛，「視吃」，就可以。

但關於相約吃甜點，一起吃甜點，就算只是約在夜市的粉圓冰店，重要的理由，其實都是相聚。我還是要說，有好胃口，有好話題，有好朋友，有時間有默契，我們就隨時都能繼續相約吃飯，相約吃甜點，相約喝個葡萄酒配軟起司與糖漬柳橙丁來當作一天的結束，管他會不會胖，都是明天再說的事情。

是吧？

鰻魚飯，
與一直沒有成行的
午餐約定

鰻魚飯，按照以前習慣，只會點小份，也就是半條魚的。魚肝也一定要，還有炸肉串。如果運氣好，鰻魚蛋捲也一定要。有那麼幾次，看著日本人，上班族模樣，點了炒牛肉來吃，但這麼多年過去，我還是試都沒試過。海帶，因為很便宜，也一定會點。偷笑沒關係，真的，很多餐廳的美味，總是建立在大家口袋仍然羞澀的青春那時那刻。這裡頭的鰻魚飯以及其他，對我來說，永永遠遠，屬於青春，屬於台北的初來乍到。

有那麼幾年，我都是一個人，排隊點菜再和別人併桌，然後吃完便走。後來說也奇怪，我好久沒再來過，直到妳又提起，我才又想起，好久好久，沒有午餐偷閒，走進條通，認分排隊等食。

不知道是忙，或是聽說味道有變，或是一頭栽進了餐廳工作之後，我默默的，忘記了還有一些老地方也一直都默默的，好好的，活在城市的某個角落，等著某天我們，能再次想起然後偶然相遇。

我看著久違的白紙黑字，菜單依舊，油污遍布，價錢小更動，老闆依然站在廚房裡，一頭白髮，低著頭動作好不俐落。阿姨們招呼、收拾、點菜，客人們低頭、扒飯、說話、微笑，吃得飽飽的。滿滿都是這樣的氣味。

歷久不衰的是這樣的食堂氣味，尤其是這樣的午後，午餐尖峰時間之後的短短時刻，排隊時有陽光灑下，進屋時有碳味襲來。一兩簇上班族，日本人，男男與女女，滿滿的小桌子，都是菜，都是食物，都是飯盒，都是小小的碟子與筷子與竹籤。

鰻魚肝依然是苦苦的，肉串依然有蔥綠在裡頭，味增湯也溫熱，什麼都沒變，就是毫無修飾的線條裡頭帶著小情調的溫暖與柔和，還是好愛。如果我們一起對坐而食，我會和妳強調那個炸肉串旁的黃色山葵醬，還有一定要吃有點噁心的沖繩醋海帶。我會微笑和妳說，小時候我和同學每到台北必然要來到這裡，還有一些趣事糗事，一些必去的條通小店，以及妳還年輕而我已老去的這段時間，台北與我的，飲食小故事。

曾經在雜誌社上班時，辦公室就離條通的這裡不遠，所謂吃好一點，除了居酒屋，就是來吃鰻魚飯。二十幾歲的日子，好像還是昨日。

人生故事不算有趣，但意外的意外則讓此刻的滋味多了一點別的趣味。是有點遺憾，常常不能把別的東西也都試過一遍，因為總是一個人走了進來，只點得了桌子放得下的食物，然後一個人結帳，走回條通的街道，繼續回到台北，繼續回到人生。

不是什麼大不了的事情，但我會一直一直，想到妳，是因為我們說好的，要約一天，一起來吃鰻魚飯。

關於爭鮮，我要說的是

在我認識的台北高尚假掰時尚文青中產階級生活飲食圈子裡，常常是容不下我這樣愛唱反調的人。

關於吃，關於餐廳，關於場所，關於大家怎麼吃飯。關於大多數人其實弄了一輩子可能都還是不太懂的，怎麼吃飯才能讓自己比較自在有愛？

像我常說，爭鮮迴轉壽司，就是我的現世靈骨塔、我活著的證明，我最愛去的餐廳（算是啦）之一，然後就會換來一堆訕笑以及，一堆不置可否皺眉嘟嘴的臉部表情，就像你現在可能會出現的那樣。

老實說我常覺得是，抱歉，但你們這些人都太假掰了。拜託，如果你們也像我獨居多年、時常沒局，孤僻又不想說，或許你們也會喜歡那樣的氣氛、那樣的燈光，那種經典的清潔劑氣味時常瀰漫整個用餐空間混雜可能是魚肉生鮮的味道然後是一點點不知哪來的香甜竄進你的呼吸中——是的——接著才是你完全會盯著瞧上許久也沒人會說你變態下流的那些色彩繽紛各式各樣的迴轉壽司在軌道上悄聲移動。

雖然那種狀態下的食物有時候看來死氣沉沉而且非常不確定它們待在那個透明塑膠蓋裡面到底已經有多少時間了。

不過誰在乎呢？

就像有人會在乎你和我可以這樣寂寞無感的迴游在城市裡頭許久許久了嗎？

爭鮮裡頭多的是一種死寂裡的熱鬧，我會這樣說。每一家分店都是同樣的氣氛沒有例外精準得要命。我大膽猜想，這可能是每家分店長都必須當作使命的KPI。他們最大的工作目標，或許就是維持這樣的以終為始，提供一種無人可以比擬的低調款待，藉由一條條充滿食物但又毫無生氣的環狀輸送帶，精準又到位的給予每個上門的客人，一種「你們如果可以自己來就請盡快享用，如果需要幫忙，招招手就有人會來搭理你」，然後幾乎是，隨著此起彼落的塑膠盤子堆疊出來的喀啦聲響，你已經被拉著一起完成了這個叫做「爭鮮」的超級適切獨家服務。

是的，我找不到任何一家餐廳的服務，能比爭鮮，更能體現一種都會式的疏離卻又無微不至的照顧。如果覺得我鬼扯就是你太外行了，也可能過太爽常常吃太好。你想，平白無故，隨時隨地，不用特別訂位也不用高額消費，你在台北市裡頭，哪裡可以大搖大擺穿著短褲拖鞋走進去坐下來，招招手就有人提供既廉價又熱騰騰的茶碗蒸味增湯以及現做的蘆筍與蝦手捲？

也不要在那邊說什麼，還有其他更好吃的更厲害的更值得前往排隊的店了。我知道你們在說那家「壽Ｘ郎」，但我會說這你們就不懂了因為，在那種地方吃壽司，只是把自己當成像牢籠動物般按按平板電腦然後等著被餵食，少了爭鮮提供的那種近乎無理又幼稚——可能是怕大家無聊吧——永遠都會有滿滿食物在軌道上的奇妙陣仗與視覺刺激。這一種讓你光看就餓的 vibe，我認為，有夠壞，有夠低級，有夠會，完全是。

是的，我其實只是要說，我真的很愛去爭鮮。疫情趨緩後的某些日子，依我平均每週外食一次的頻率，我一個月至少會去個三到四次，如果加上深夜喝多了，在東區附近，次數可能更多（如果我當時還有記憶啦）。

白天黑夜，這裡就算沒有 24 小時服務，任何時刻走進去，每個細節也都毫無疑問的一致而且不會讓你過度期待。爭鮮不假掰也不耍帥，這樣很好，用平易近人的食物來服務像我這樣依舊生活在社會底層的人，讓我感覺到一百分的溫暖窩心，讓我感覺到生命的可貴，讓我想到自己和自己相處的難得時刻原來就是，這樣就好。

而所謂孤獨與寂寥，坐在這店裡頭，我竟然會有種格外珍惜的，錯亂感。

喔，我很愛吃一個全名叫做「魚卵沙拉比目魚」的百無聊賴。水嫩的白色魚肉上頭擠了一坨紅紅的說不上來是美乃滋還是什麼的醬（都說了是魚卵），吃的時候只需要自己加點醬油，擠點芥末，然後張嘴一口咬定，吞下。其實說不上來是吃到了什麼東西但很神奇，它完完全全能滿足到你想要吃「比目魚鰭邊肉加明太子」的渴望而你其實只付了三十塊新台幣而已，非常療癒。

好不好吃？

你得自己去體會。

然後如果有在某家爭鮮看到我一個人猶如失智老人獨食其中，也請拜託，不要盯著我看像是保育類動物那樣更不要拍我肩膀說：

「欸！啊你不是貓下去的老闆嗎？」

（大）
鹽
豚骨拉麵
$240
淡
軟
普通
加麵（半份）$20
木耳 $30
海苔（3片）$30
青蔥 $30
筍乾 $30
溏心蛋 $30
豆芽菜 $30
叉燒3片 $50
加點

門外漢的拉麵

我對拉麵沒什麼深刻研究，也沒有一生懸命的熱愛，就算我是哈日年代長大的餐飲小子，也曾熱切的做過一些功課，但這二十年來由南到北，經歷一家又一家不同拉麵店的吃食體驗與排隊經驗，現在，只要是我時常想起也能持續上門的，或許，應該，就是真心喜愛的拉麵店吧？

要遇到一間可以一再上門的拉麵店，跟遇到真愛，應該是差不多的事情。

那種脈絡清晰的喜好與深層癖好，各種內在外在表現，就這樣毫無保留的大剌剌鋪陳在你面前時，你一下就會愛上的部分。太難形容了。就像是之前所有的遭遇和等待都是為了這一刻的相遇，那一瞬間你無法表露太多，但你會知道，是的，這就是了。

從開門到聽見招呼聲，聞到的第一個味道，候位的規矩與等待的方式，然後是點餐，不是機器而是與人點餐，不是什麼都要起身的自助式而是吧檯與桌面都精心設計讓你可以自己處理好自己。那會產生一種，真正在等待拉麵的心情被妥妥的安置好的感覺。穿插著日文與國台語的對話聲，讓等待繼續。稍微眺望就看得見的開放式流水線，在處理著水氣之中被傳遞的食物，包含麵條與肉片、加了調味料等著舀進熱湯的麵碗、鋪上了明太子或叉燒美乃滋的白飯，還有熱騰騰的剛起鍋的炸物們通常是日本人愛的那種炸雞塊。

那些豆芽菜與高麗菜或是筍乾，海苔或是叉燒跟蛋，在麵碗上桌之後，才會伴隨香氣與你真正相會。每一次都像是第一次。都是剛煮起來、剛放進去的。那些會在你用筷子與湯匙攪拌著湯與麵並且決定什麼先放入嘴裡之後，給完整確定。且一次又一次的，讓你點頭在心底，讓你心甘情願一再上門排隊也行的，甘之如飴。

我沒太多的派別喜好，只要店頭乾淨有辦法走進去坐下來，並且有夠熱的湯與鹽味十足的調味便行。如果剛好是不用長途跋涉就能吃到的方便，我就會更常上門。因為實在是太喜歡一種「就在我家附近」的社區感（以及其實懶），那裡頭會有種言語不用太多的老主顧情感，更多一點的可能是真誠，真正的喜愛——那種耐吃的好吃與沒有花招，麵條硬度熟度與每個食物都在碗裡那個對的位置；是大碗很飽足而小碗也很夠吃的貼心；是面前桌位上該有的調味料應有盡有胡椒辣椒芝麻醃薑甚至醬油與醋，一個都沒有少的剛好。

然後是冰水，是你喝完熱湯吃著辣菜與炸雞塊再一口喝下會覺得「啊～」的冰水。還有面紙，滿滿的白白淨淨的面紙，擦嘴擦汗擦各種噴濺到桌面衣褲的一個不小心。你現在懂我在說的是什麼了嗎？那些林林總總細細小小的，容易被忽略的旁枝末節，才是我真正會感覺到愛，並且日久生情。

對於我這樣一個年過四十職業傷害太多只是想找個習慣與依賴的，拉麵門外漢來說。

對於我愛的拉麵，勉勉強強可以說上的標籤術語，大概就是這樣的沒啥洞見與無傷大雅。有時候說是吃拉麵，倒不如說是吃個能解救日子於百無聊賴的安心與歸屬，就跟所有我喜愛的餐廳與食物一樣，可以陪伴我，難得的一餐，與自己的 me time，以及需要被填滿的心靈空虛或許。

這一年最千里迢迢的，是去了中永和與兩個無聊男子漢相約吃拉麵。據聞是鷹流拉麵的嫡系風味，一吃真的是美味難忘，加上店主盛情異常，算是奇遇。平日則與自己的獨居日常相約，在天氣冷天氣陰，身心疲憊異常時，就會需要一碗拉麵的溫度，想要那個火鍋未滿，而其他湯麵都無法比擬的蔬菜與濃湯合而為一所帶來的，真心滿足。

沒有要推薦的店家，且老派如我現在的吃法比較怪奇——真的是把拉麵當作個人鍋在吃——如果哪家麵店能夠服務至此，我就會很開心很喜愛。

我會點小碗麵但麵少，加一份海苔與高麗菜如果菜單上有，加一份筍乾與豆芽菜如果可以當小菜，最後把東西都吃完把湯都喝完但不吃麵（是的）。

嗯，試試口感吸吮兩條麵還是可以的，但精緻澱粉這回事我現在則盡量避免。基於禮貌，也避免造成困擾，我實在是不好意思對著幫我點餐的人說，可不可以麻煩你……

「不要麵，行不行？」

這真的是我自己的癖好而不是錢的問題（掩臉）。

所以你現在有沒有懂了點，關於我這門外漢吃拉麵，不是不相約，而是光要遇見我的真愛，就是多麼困難的一件事情了嗎？

好久沒有，
一起吃麵

突然想起，以前固定會在沒事的時候約著去還叫做「嗎哪」的那家史大華牛肉麵，去餵飽彼此。

我愛吃麻辣牛肉麵配上一碗風雞絲乾拌麵，妳則愛榨菜肉絲乾麵配上一碗可能是，我們都覺得是，上面有擱上一小坨碎碎泡菜末的紅油抄手。這樣的搭配獨具品味，如果妳沒忘記，我們發現是這樣的組合之後，還喜出望外的吹噓自己吃懂了這出眾的好手藝。

而那個放在缸裡頭的泡菜也是每次都要點的小菜，泡在麻辣湯裡頭再吃，格外的好。雪菜肉末與豬腳，花椒小黃瓜與素雞，我的記憶如果沒有錯，大致上就是這樣兩個人三碗麵一桌菜，餵飽了我們日常裡頭偶然可以相聚的一餐。

但真的好久沒有同行前往了。年紀大吃不動了，彼此住得也遠了，工作時間也不同了。生活繼續在過，但老派的日子想起來突然有點感慨，真的是，好久沒有，一起吃麵了。

突然想起更多的，一起去追吃牛肉麵的二十到三十歲時代。金華街的廖家不賴，但我比較愛中原街的那家妳也同意，民生東路史記的清燉我們倒是有共識的喜愛。桃源街老王記，以前時不時要去回味一種（根本就是）統一滿漢大餐的老派氣味，而西區那幾家什麼宏的可以加湯加麵加肉的海派平價牛肉麵，我知道妳不愛，所以我有時候會在喝完酒自己去吃個一大碗解解饞。

還有那個很貴的牛爸爸，記得嗎？哈，真的是，別鬧我們了。剛剛還想到，沒搬家前在鐵皮屋裡年代久遠的林東芳，真的是我剛上台北和妳吃牛肉麵的記憶之一，至於承德路民族西路之間的老地方和杭州南路的大塊，則是曾經還會在下午偷閒打牙祭的兩家牛肉麵。

我還想得到的有吉林路的老外煮牛肉麵，大橋頭的汕頭牛肉麵，還有一直說要去吃但總是沒吃成的火車站附近的劉山東。那個巷子裡頭坐在路邊的潘家老牌，我倒是自己去吃過幾次。老店都差不多的樣子，就像是那家始終如舊的龍門客棧的那碗牛肉麵，久久一次，相見解懷念，足矣。

講了一講再繼續回想，台北的日子在曾經，那個老派生活還沒成形之前，我們好像就是一直在吃牛肉麵啊（笑）。

永康街那幾家，記起來了嗎？還有粉蒸排骨和油燜黃豆芽和茄子。馬祖麵店雖然妳不愛，但這幾年的東引快刀手那款肉大塊麵多樣的紅燒牛肉麵，妳也同意其實吃起來頗粗暴爽快，配上滷菜大大盤的，讓人一口一口，飽足之餘也意猶未盡。

牛肉麵實在太多太多了，連鼎旺中午的麻辣牛肉麵我們也很久沒去吃了。倒是最近一次一起吃麵，竟然是在君悅酒店的 Cheers 吃了一碗要價不菲的紅燒雙寶牛肉麵。台北經典五星級飯店的大廳 café，總有一些中西合併的美食集錦，是有趣也是活歷史，就像那天我們坐在吧檯上吃麵，隔壁依舊有個看似外交部的老外官員喝了個微醺看著電視一般。

想想也很久，沒有去喜來登一樓吃牛肉麵了。我以前常說，其實現在也是這樣說，在這些地方吃這些昂貴的牛肉麵，除了晶華酒店的 AZIE 中庭有樂隊現場演唱伴奏，不然默默坐在一張桌子吃一碗新台幣五六百塊的牛肉麵，真的可以稱作火山孝子。我們因為也少約唱歌去錢櫃，不然那一碗 KTV 包廂裡頭的牛肉麵之江湖名聲，從我們年輕時候就有怪異的高評價還歷久不衰。

我相信一定還有很多好吃的牛肉麵我們沒去吃過。

但約吃麵對我們來說，不也是可以簡簡單單，比方去青島東路那家叫做莫名福州乾拌麵吃個傻瓜麵就行的嗎？

就像是，如果不用排隊，我們也可以去鼎泰豐吃紅油燃麵配小菜就行，不然南川的素椒或酸辣乾麵也可以。其實很多人不知道但我不確定妳吃過沒，敦化南路的驥園川菜也有一碗辣拌麵，一大碗公上桌，熱騰騰的，乾乾淨淨只有麵條與油，不看價錢的時候，真的也是好吃到一個不行。

想想也真的很久，沒有去喝湯吃麵吃餅加餃子了。那些又藍又高貴又充滿歷史的經典餐廳，這些年的我們倒也真的少去了。

總之我也知道，約吃麵並不需要煞有其事，但礙於現在我們澱粉吃得少了，不然約吃麵本就是一件輕鬆的事不是嗎？

夏天吃個揮汗如雨，冬天吃個暖心暖胃，飢腸轆轆的時候狼吞虎嚥，不甘寂寞的時候，就吃個意思意思聊表一下。吃碗麵，如此是，一種我們生活在這個城市裡的共同語言而已。

最單純也最乾脆的，我倒覺得是約在我家或妳家，買個出處正確的關廟麵，滾水加點鹽巴，大火煮五至六分鐘半，只要持續加冷水，煮起來的麵條就好吃。再按照我師從家母那高雄台南人口味的招牌豬油拌麵招數，動物油混合芝麻油，醬油再加點烏醋，蔥花灑上或油蔥酥擱一點，趁熱攪拌，淋些麵水，就是一碗色香味俱全油亮發光的，完美家常麵。

是的，完美也家常；是的，我會說再好吃不過家常味，但這是韓良憶老師的書名不是我發明的。我這輩子吃過最美味的一碗 XO 醬乾拌麵，應該就是在妳家，您的母親做的醬與您的父親親手煮好的那一碗麵。

一起吃麵當然也可以是吃義大利麵也可以說好就吃泡麵也可以是約在麻辣火鍋店讓我煮科學麵一分鐘半起鍋拌香油和白醋但重點就是，欸，我們很久沒有，一起吃麵了。

只想著要和妳一起去吃的

今天長跑時，滿腦子只想著要和妳一起去吃一碗好吃的麵。

熱熱的要吹吹的，有湯的，或許，也可能是有醬的，但總之，我覺得妳會愛。

播著的歌單是 HAVE A NICE DAY。

天氣大好的台北，我正想著，如果有妳，等等我們可以去哪裡，吃點好東西。

我在想哪裡不用擠擠的，不用排隊的，不用趕著和太多人，同在一起。

當然鼎泰豐一直都很好，我知道妳一定也會說好。我們可以喝酸辣湯配燃麵，也可以點小菜和小籠包。我們可以早一點去要位置，在那個新的店，二樓的空間，這樣的天氣，有陽光是很舒服的。

不過我也好想帶妳去吃義大利麵，就是在我家附近，上次沒去的那一家。我們可以散散步，用走的，就可以到。那是兩個男生每天手工做麵的義大利麵店，小小的，可可愛愛，有很多不同的麵條和口味。我們可以點培根蛋汁麵給妳，肉醬麵給我，加一份大大的沙拉，還有一碗熱熱的湯，要兩個小盤子，分著吃。一直很想帶妳去，因為我們剛認識的時候，我時常坐在店裡一個人吃著午餐，想著如果妳也在這裡，應該也會喜歡到不行。

就是簡簡單單的地方，吃個麵的地方，適合兩個人，不會有太多人的地方。

當然也可以去好一點的義大利餐廳。這樣的天氣，可以坐在上次我們一起去過的那家餐廳的戶外區，吹舒服的風，單純點個蔬菜濃湯和披薩，或是橄欖油炒的麵，曬著斜斜的太陽，聽著台北難得的安靜。我想我會繼續說著餐廳的事情給妳聽，然後看著妳專心吃麵的樣子，幫妳加水，然後問妳結束時要不要吃一個開心果冰淇淋。

我還想到了拉麵店。

有被唱成歌的那間。

也在我家附近。

但就是還沒有去過。

我想起那時候，還只能默默上傳歌單當作訊息給對方的每一天，妳有說過很想要吃看看。而我後來也說過，可以吃喔，但不確定，妳會不會愛。

寫著這些的同時，我在播著歌的電腦前，看著陽光從窗外灑在鍵盤上的手，繼續一個人想著兩個人。

音樂還在播，但人有點迷惘，有點慌。有點不知道心情該擺放的位置，有點想念那個還可以寄託給一個人的時候。有點，需要人可以說說話。

我就只是，繼續想著一碗麵，可能有湯，可能有顏色，可能有一起分著吃的湯匙與筷子，或叉子，或那一雙只有妳才有的修長手指。

我就只是想著也寫著，喝水或咖啡，繼續拼湊著。

今天起床的時候，我想著剛做的夢，想著妳已經起身去工作，想著一點點的如果能夠，某一天的某一個午餐時候，我們牽手散步，早早的，緩緩的，去吃一碗妳也會喜歡的麵。

不一定是湯的，不一定是醬的，可能是台台的，在某個不起眼的攤子。

我想著和妳一起午餐。

我想著和妳一起的，簡單陪伴。

早安與午安。

我今天，寫完了。

Chapter Three

與人喝的酒

Cheers with me

世界上最好喝的馬丁尼

你可以稍有遲疑，但不能舉棋不定。你也可以禮貌性提問，但我會建議不要白目，裝懂，或自以為聰明。

在台灣公認最厲害的 bartender、調酒師、雞尾酒達人、World Class 冠軍 & 評審（anyway 隨便啦），以及保證比你能想像到的任性更任性的男人——尹德凱——面前，如果你有走那個運能進去在他的酒吧板前坐下來，相信我，你沒做好功課或是完全對經典雞尾酒 no idea 甚至是沒有先上社群讀他的規則，被趕出去的機率肯定是比某些縣市首長被罷免的可能性來得高多了。

別心存僥倖，真的，連我這認識他十幾年的老酒咖，每次去找他報到也得先站在門口（不是門外我沒那麼菜），畢恭畢敬，請示助理們能否入室，才得以獲得那有如城市傳奇般的酒液恩寵。

對我來說，大部分時候，只要能坐入其中，基於一種不明說的默契，我會讓主理人觀察我這天的狀態與病徵，自行決定要給我喝什麼。畢竟我一個台灣雞尾酒時代的見證者，還不到活傳奇的年紀但酒齡也三十好幾，尹德凱，阿凱，這吧檯老江湖，我的愛恨老相好，知道我什麼都能喝，也向來都是來者不拒。

但怎麼喝，喝多少，不論是開頭或是最後或是只能喝一杯的時候，他和我都知道，馬一下，我們的術語是這樣，是不能沒有或說肯定要有的，相會必須。

不管今晚的這一下是「全馬」或是「半馬」，那個「馬」指的都是，一杯世界上（對我來說）獨一無二、無人能及、無處可以替代的，經典雞尾酒，琴酒馬丁尼。

全馬就是一整杯，半馬就是先半杯，我話癆再多解釋一下。但你們就別白目了，想要去那間叫做「無 WU」的酒吧，這樣有樣學樣學我點酒，被趕出去的機率也是跟籃球員的身高一樣（很高）。

說真的我要不是親眼見過一個年輕可愛貌似觀光客的女子獨自前來酒吧一入座沒等到屁股熱就被請了出去，我還真不相信尹某人這老ㄅㄧㄤˋ都這把年紀了，脾氣還是一樣有一說一沒有就沒有，不行就是——不行！

不過我覺得，自從這間概念說是沒有名字但還是有個「無」字的酒吧開幕之後，我和尹德凱的關係似乎又時光倒轉，回到了十幾年前，他開始對著世界展露頭角，站在吧檯裡震懾全場的那個時期。那是可以有事無事一個人就去到他值班的酒吧，去喝上一杯兩杯三四杯的台北紳士雞尾酒新時代。時常是聽著爵士樂，在信義區一家二樓的酒吧，也時常可以遇見同是「阿凱粉」的社會賢達男女老少。那也還是威士忌與勃根地葡萄酒價錢正常喝掉一瓶是一瓶不會心痛的年代。而我們似乎是因為高雄同鄉的關係，即使年紀有落差，但他的老成對應我的幼稚，倒也可以互相彌補，或台語說的互相漏氣求進步。

如果說我的職業生涯有任何對於雞尾酒的真正見解與眼界大開，絕對都是在尹德凱的吧檯前，藉著他的手工藝，給醍醐灌「飲」所得到的。包含我常說的三件套*、紐約行政區調酒*，各種經典酸甜酒的變化，以及真正 World Class 等級的經典調酒。多年來我一直非常珍惜像是上廟朝拜捐獻油香錢的這段關係，以致成就了人生不可取代的某一段關聯。

---

* 三件套：Old Fashioned、Negroni、Martini，這三杯經典雞尾酒是我在開始只喝馬丁尼之前，進到酒吧一定會喝的三杯酒。順序不一定。但這樣喝習慣之後，我就開始以紳士裝扮那個「背心、西褲與外套」來比喻這個三件一組的喝法。
* 紐約行政區調酒：以 Manhattan 為最知名的美式經典雞尾酒，還包含了 Bronx、Brooklyn、Staten Island、Harlem。

是的，關聯。他在得到世界等級的雞尾酒頭銜之後，去了倫敦與新加坡深造，然後回到台北，在我那貓下去敦北俱樂部，同另外兩位當時也拿過冠軍的調酒師，我們組成了一個叫做「俱樂部男孩沙龍」的短暫團隊，意外讓貓下去在2017 年沾光得到了亞洲 50 大酒吧第 49 名。

這其實非常不容易，我真心覺得當時的我們走得非常前面。包含找藝術家畫插圖搭配我那戲謔文案風格的酒單，以氣瓶搭配原料液去填充自己的「可樂瓶」雞尾酒，各種油洗與浸泡甚至去色的技法，融合甜點與烹飪與酒精的各種技藝以及，自己發酵各類康普茶與酸性物在那時候。

記憶雖已模糊，但那個不過是快十年前的一段合作，讓我真正理解到雞尾酒這件事，與餐廳，或說餐酒館，應該怎麼擺放在適當的位置，才能進而去服務人，才會有真正的光芒真正的加乘或說是，才能恰如其分的扮演可以好好被使用的正確角色——一杯可以帶來好心情與陪伴甚至是，開啟用餐氣氛的好喝「飲料」。

疫情爆發的 2021 年，是我們倆又開始碰面的契機。在那個大家只能低調只能設法求生存的時期，尹德凱開始在 AHA Saloon 有個值班，是他一個人站吧，只服務自己人，只供應經典調酒。疫情當時我在餐廳下班也早，於是重新回到了老樣子，在那些寂寞時刻只要想到了馬丁尼，我就去碰看看運氣，賭看看有沒有機會坐上那位置不多的吧檯，說是想馬一下倒未必是實情，多的其實是想碰面聊上幾句。

MEOWVELOUS
BOURBON

所以現在有時無時去到那個有名也無名，音樂都放得老大聲的酒吧會會尹德凱，也多是這樣的心情。可能有點 M 吧或許。喝多被他唸唸倒也覺得開心。但那個無可取代的我再說一次，是一杯只有與他喝只有他來做才有 fu 的馬丁尼時光；是一段自《007 空降危機》這部電影之後的雞尾酒情誼與關於馬丁尼我其實一年要喝一千杯的傳奇開始。

讓阿凱做一杯馬丁尼，光是看他本身對於整體操作的熟練精準，就是好喝的指標。那幾乎是承襲日系調酒大師加總自己對於手部動作要求而成的一氣呵成。

先以大冰塊旋轉降溫攪拌杯的內壁，兩手分持酒瓶與量酒器，在注入酒液的當下瞬間翻轉量酒器，讓液體靈活的流進攪拌杯，一顆顆冰塊被好好擺進攪拌杯，就像是在看一場指揮秀，看著他以左撇子的俐落揮動一支發亮的不銹鋼攪拌棒，使杯裡的琴酒與苦艾酒繞著軸心與冰塊相附相依，既融合又同樂似的，無聲的畫面，好像一場正在發生的行為藝術而他，是一位專注於風味成形的鍊金術士，快速的旋轉杯中物只為了一杯他做了成千上萬次的，馬丁尼。

你不可以在這個時候打擾他。你也不會這樣做其實。直到他取出任務完成的冰塊為止。接著你會看見他左手高舉攪拌杯，將冰涼的透明酒液，從空中緩慢的注入你面前那只三角型馬丁尼杯中。於此同時，他的另一隻手會拿著一小塊檸檬皮，把肉眼不可見的皮油香氣，巧妙的隨著因酒液落下而似乎變慢的時間，都擠到那逐漸滿杯的液體之中，使這杯酒成了他的招牌之作，一杯充滿果韻與杜松植蘊，入口如絲滑般的，琴酒馬丁尼。

多數時候，他會用經典的 Tanqueray No. TEN，但我更愛他用 Martin Millers 的版本。這是我和他的一種默契與情誼。有種英倫諜報片的氣味。而話只能說到這裡，畢竟關於馬丁尼，太多東西都只能意會無法言傳。你得自己去體會，關於我說了這麼多的，世界上最好喝的馬丁尼，與這位男人尹德凱。

一杯
不加冰的酒

一杯不加冰的酒。妳說，要我和妳一起喝一杯，不加冰的酒。

沒問題。理所當然的我是這樣回答了。

但一開始我誤會了，我以為妳說的是一杯威士忌，或是白蘭地，或是常溫的葡萄酒；我以為妳說的是，一些大家平常喝的時候不會加冰的酒。我後來想到了，才笑了，才知道，原來妳指的是那些杯子裡面沒有放冰塊的酒，經典調酒，比方馬丁尼與曼哈頓。

那些馬丁尼杯裝著的雞尾酒。妳說看起來很美但不熟悉，很想喝看看。妳說以為我很懂，原來我也是裝懂。我只能傻笑，聳肩，因為我想我不是不懂酒，我只是不懂妳。

我看著妳喝醉過，有幾次，我不覺得失態，但妳也不曾像個有禮貌的醉漢那樣隔夜會訊息道歉。我看著妳喝醉，只覺得可愛，只覺得妳的工作壓力大，或許吧，一杯又一杯，話匣子打開，動作開始大了，是說了些讓我心跳加速的話，但這樣的關係，妳倒清楚得很，就只是點到為止，沒了下文。

我陪妳喝醉過，從清醒說著話到橫陳馬路邊；也一起走過暗暗的街，吐了別人的花園；一起搭著電梯，傻笑了好久。我是喜歡陪著妳的。清醒也好，喝醉也好，不管如何，可以聊著聊著，其實都好。妳會在一開始保持得體，一杯兩杯葡萄酒，說說工作，講講生活，然後在某個時刻，一個開心使勁，我們就換上了另一種杯子裝的另一種酒，大部分是濃烈但香醇、經典但優雅的。

威士忌很香，也甜，我們都喝得快。馬丁尼，用我喜歡的琴酒，妳覺得烈，但也喝個精光。我其實沒有預設立場，要喝多少才算多，但我喜歡看著妳開心，看著妳笑，看著妳不知不覺，依賴著我。在忘記時間之後的這個微醺時刻，是我記得最多的時刻。

我會提醒妳，記得穿外套。我會提醒妳，手機要收好。我會說，注意安全，錢包小心，回家要傳訊息。我會說，不要再頂嘴了，妳也老大不小了。但妳就只是笑，一直走，回嘴裝懂，是彌留之際或許，但我確信妳是聽到了，不論是否真的有，那麼醉。

我們很久沒一起喝酒了，我只是想要說這件事。我只是想起這件事。我依然是一個人，年復一年日復一日，喝著一杯又一杯，不加冰塊的透明雞尾酒。

勃根地，
與一場高雄的雨

前一夜算是意外的喝多了。

意外的意思是不在預料內，也不在常理認知裡。

早上自台北南下，中午在一家老牌中餐廳舉辦烤鴨宴，為認識了三十年的老朋友老學長慶生，兩家人吃飯配著橡木桶買來的法國葡萄酒，有紅有白，長輩們喝得開懷，我則是點到為止，認真吃飯說話扮演潤滑劑。常在飯局打滾的人可能知道，有時候同桌吃飯的人彼此不熟識，話題開得好與不好，會影響吃飯氣氛頗多。這時候為避免尷尬甚至不必要的緊張，我職業病使然，通常會扮演兩種角色，一是舉杯人（乾杯），二是話題小老師，aka 飯局的助興劑，負責分組或給予任務，讓大家像群乖乖的狗狗去追你丟出去的那顆球，然後一起為整體表現不錯互相拍拍手皆大歡喜（再乾一杯）。

結束飯局的下午，我在大雨中搭車到大港橋下的永心浮島。這是高雄現在一處你必需要來看看的特殊所在。

這處「浮島」是亞洲少有的餐廳風景，就著過往承載高雄港務的淺水船埠與閒置的棧埠倉庫，所打造出的室內外用餐區域，與後來新造的大港橋與駁二遙望對接。搭配經營者原本台菜海產餐廳的家族經商背景，經歷「永心鳳茶」與「心潮飯店」兩個新創事業的進化轉型，我的老同學，品牌執行長 Deeson，正展露我們這群高雄餐旅大學畢業（並創業）校友難得的品味與願景。

雨中的大橋靜靜的閃著紅色頂燈，下頭是戶外區收束整齊的家具，一切濕淋淋的，在下午三點半的鹽埕港區。灰矇矇的風景裡只剩下窗外輕軌列車從遠方駛過，以及餐廳內因琥珀燈色的照射而顯得溫暖又愉悅的用餐客人們。

「來試點酒吧！」Deeson 坐在我對面，將一瓶酒標新穎的勃根地夏布利一級園白酒倒進我倆的杯子裡。

葡萄酒是這樣，酸度漂亮的酒，會加速你的吞嚥，會增加你咕嚕喝下去的慾望與速度，然後呼吸回吐，才讓香氣進到鼻腔裡，去與一開始入口前從杯子裡聞到的杯中符號相呼應。而好的酒就有餘韻繚繞的本事，就有綿延不絕的東西，會回流在你的鼻腔與你的口舌，然後放進你的記憶與你的心底。那會成為你的迷戀，成為虔誠又堅定的味道信仰甚至是，一種品味認定，一種愛，那就是你開始懂了那個葡萄酒所帶來的各種愉悅。

喝了幾口，繼續斟酒，接著他像個好客的主人，又拿出另一支同樣酒廠但普通等級的夏布利，要來個比較。結果我倆都笑了出來，這等級較低的酒，今天喝來結構明亮，風味十足，一級園的則是酸度偏高讓口感失了平衡。我們笑著說幹話，怎麼有種酒廠把酒裝錯瓶子的感覺？因為正常說來，夏布利就是要最簡單普通的才適合配生蠔，只因為酒體酸度高，而一級園通常就是要喝到一點開闊與細膩，包含風土想像裡的礦石感，以及清澈又涼爽的綠蘋果氣息。

他點了一尾烤魚與一盤高麗菜當作午餐，我則是剛結束午餐純粹喝著酒。我看著大片落地窗外持續的高雄雨，有種電影感，說不上來，氛圍既新潮又特別——那可能是一片淡淡的雲以及雨滴落的痕跡，可能是玻璃杯裡的金黃液體與對面桌子的年輕少女，亦或是持續點點滴滴布滿港灣水面的畫面，讓我多愁善感的習慣與喝著酒之後的情緒有了起伏且相互拉扯。這是我從來沒有感受過的情境。在高雄。在我漫長的餐飲生涯。在我還能記起的關於餐桌與葡萄酒的諸多記憶裡。

我們倆很久沒有這樣聊天喝葡萄酒了，他似乎也因為話匣子開了，又拎了兩瓶勃根地紅酒上桌，問我開哪一支好？

而我一眼就發現了這個下午可能不簡單了。

我的那個擇日不如撞日的飲酒理論又浮上心頭。在我面前的兩支酒，一瓶是酒標上有個小天使，2021 年的夜聖喬治一級園，另一瓶則是 2013 年的村莊級老藤哲維瑞香貝丹。我想了想，沒人會不喜歡有年份的老藤香貝丹，但這根本是酒神弄人，在這樣的天氣，不管價錢，豈有不喝法文 nuits 開頭而我個人也很喜愛的這一款勃根地紅酒？

是的，一場環流帶來的高雄雨與遠在法國勃根地的蒙太奇拼接，就在我們的餐桌上，藉著杯子與各種魔幻的香氣，鋪陳了這一場註定要難忘的飲酒記憶。櫻桃與草莓、濕濕的菸草、月桂葉與橄欖油，在我還能記起的味道，是這些。而這些引導了我們進入更多的談話與職業回憶，一路走來的關於餐廳與事業的林林總總。我繼續看著大片風景中的灰濛和雨氣，以及逐漸拉下的夜幕。港區裡的燈都亮起了，一切接著染上了霓虹的藍與銀。你能感覺這個島，現在成了這場雨中的所有希望所在。

那是酒精的催化我確定。但也是沒有遭遇過的美景，毫無疑問的。然後一時半刻，關於我這個餐飲工作者與那些有錢老闆們著迷於勃根地這般高貴的法國葡萄酒的理由與心情，無法自拔的溺愛，又歷歷在目的浮現眼前。

懂得喝勃根地，懂得喝黑皮諾，懂得那個優雅與姿態在旋轉杯子之間的品頭論足。最美好的葡萄酒所能帶來的寓意，或許是想起對於生命的憧憬。

我的高級餐廳外場侍應工作，就是從誠品生活事業部當時開設在誠品信義六樓一家叫做「勃根地」的餐廳開始的。那是我職業生涯很重要的一處法國酒訓練

班，也是我葡萄酒服務的啟蒙地。所以勃根地葡萄酒之於我，撇除因為自我社會階級的認知（喝不起），與職業傷害造成的一種不刻意的追求（喝夠多），基本上，就是根植於我餐飲人血液裡的一處原鄉，一塊聖地。是曾經熟悉但卻愈來愈陌生的葡萄風味事典。

真的是直到這一個下午不經意的開瓶相遇，才又像個舊情人一樣，出現眼前，喚醒往昔。

這也是我這老同學現在的喜好。所以在這座浮島上才有了存量驚人的勃根地葡萄酒，供應給登島用餐也懂得品嚐的客人們。至於我這蹭酒喝的人，這一晚，就著好酒好朋友，再次默默進入了那個微醺以上，失序未滿的酒徒狀態。

續開那瓶老藤香貝丹的時候，我們已經拉到雨勢轉小的戶外座位區，吸吮生蠔，點燃雪茄，吹著沁涼的晚風配著傘外飄著的雨。

回想最後的記憶，Deeson 問我想聽什麼音樂，我回答 Olivia Dean，我現在最愛的英國女歌手。待歌聲一起，就這樣，我永遠難忘的一晚在高雄，有大港、浮島、夜色，有勃根地以及一場，高雄的雨。

關於喝酒的
另一種故事

認真說來，我覺得我爸這輩子可能喝了有一個游泳池那麼多的啤酒。

我並不是要去認真算，而是光用膝蓋隨便想就知道，我爸喝了快六十年的酒，每餐最後都要用啤酒收尾，年輕時候還在港務局從基層做起，應酬都要和人家拼整籃整箱的台啤。是不是？想像一個偌大的游泳池，我爸用大字型的姿勢，仰躺在那滿滿的金黃液體裡頭。真的，而且我說的是五十米的標準池。

我要講喝酒，不能不談到我爸（當然還有他媽媽和老婆唸他的那個樣子）。自我有意識開始，只要有我爸的飯桌，不管家裡外頭，桌上就是會有酒。我想既然他已經退休了，在這裡寫出來應該也無傷大雅。家父身為公務人員，在沒有工作的時候，生活樂趣大致上就是與人吃飯喝酒，聊聊人生、聊聊工作、聊聊去過歐洲和美國，聊青春往事。開心的時候講講笑話，不開心就拍桌子離開。在我們家，不管是家族聚會、逢年過節、生日吃飯，或是週末與朋友聚餐，我這輩子還真沒看過餐桌上是沒有酒的。

所以問我小時候都喝什麼酒，很難說得清楚，畢竟要說真的「小時候」，大多是看我爸那時候的喜好，然後自己跑去旁邊偷喝的。比方從台啤舊瓶裝時代進化到海尼根年代，再到我覺得超級難喝的麥格黑啤酒（真的搞不懂好喝在哪），這是一個系列，關於偷喝啤酒的。接著是紹興與白蘭地與調和式威士忌，陳年高粱與洋河大曲，再到九〇年代中期開始變成主流的純麥威士忌，這也是一個系列，關於偷喝一些警世意味濃厚，會辣到嘴、熱到喉嚨身體裡的那些，當時尚搞不懂好喝在哪的洋鬼玩意兒。

我小時候（偷）喝的酒，可以說是真不少，畢竟大多是看著大人喝到醉茫茫覺得挺有趣，然後有意無意也來這邊喝一點那邊喝一點的，以致我變成對於酒這件事有點明瞭有點知曉（應該要去偷喝什麼才是對的），變成不排斥與覺得喝酒這件事，很 man 很自然（但其實根本沙文）。

加上我青春期誤打誤撞先去唸了理工科學校的五專部，十五歲就開始過大專生的生活，平常除了打藍球與應付課堂，同學晚間的交誼活動不是在誰的住處喝酒，就是去 KTV 和 PUB 與舞廳找樂子（那時候還沒有夜店一詞）。我家雖然管得嚴，零用錢不多，但偶爾我也會想辦法跟著去這些地方，和大家一起自以為成年人似的喝喝啤酒，唱唱流行音樂那些濫情歌，找一些茫茫的感覺好當作青春情緒的一種出口。

直到真正成年之後，我開始會和我爸同桌喝酒。也因為和他喝酒不用在意錢的事情，有時候喝得可盡興了。尤其是去唸了餐飲學校之後，不管是在家裡餐桌上、外面的鵝肉攤海產店，或者家裡附近的酒吧，喝酒成了我們像個男人般相約談話的唯一方式。他會不停的說他小時候離家去讀軍校，去航空公司修飛機，去考高考，去港務局的事情，也會看心情好壞談談家裡的大小事。喝的酒也會隨時間而改變，這二十年來我看著他開始迷上喝葡萄酒，買蘇格蘭單一麥芽威士忌，也說過讓我覺得很好笑的話。

「啊我在本島不喝高粱酒了啦！」

因為他當過金門縣的環評委員，可能真的是每次去工作都被當地人狠灌高粱吧我想。但我爸退休後也變成了金門榮譽縣民，高雄家裡現在時常也會看到所謂的三節配酒。好玩的是，他好面子愛送酒給人，有時候送到不夠，還要去大賣場的酒專櫃買這些三節配酒來補貨。

上台北前，很常在家做菜那些年，我想是我和我爸感情最好的時候。那時我開始發現，餐桌是維繫一家人感情很重要的場景所在。因為家裡大部分時間只有我和我爸，只要他在家吃飯，晚餐時間我們就偶爾會開上一兩瓶葡萄酒，吃飯也聊天。或說是他當我的廚藝實驗品，而我變成他的葡萄酒小顧問。那是我心中認為，長年在父權很重的家庭關係下，父子間第一次真正破冰的時刻。我會和他聊聊媽媽和弟弟，聊聊食物，聊聊酒，有時候甚至會開他玩笑。我想都是喝酒這件事情帶來的影響。如果說喝酒會誤事，我想大家都承認，喝過頭做蠢事在所難免，家人有時候也會因為喝酒情緒放大講話失了準頭，但我家的餐桌氣氛與聯誼方式，時常是沒有喝酒就沒有辦法把話匣子打開，或說心裡面的那個芥蒂，一直以來都需要在吃飯的時候大家喝上幾杯，才能順了氣氛，把話給說出來。

那些年我還玩著樂團，喜歡混在放搖滾樂的英式酒吧，偶爾我也會約我爸，與我少數的樂團朋友，一起去喝著一壺又一壺的啤酒，看著電視機裡面的運動賽事，吃著薯條或炸起司。現在回想起來，那其實是有點微妙，超越父子關係，變成了兩個單身男子的忘年相約，只是老的會很習慣幫年輕的買單，而年輕的我則負責找到理由，讓我們一起去找點喝酒的興致，排解待在家的百無聊賴與一種隔代的男人寂寞。

過了這麼多年，我還是覺得我爸酒量很好，也很自律，喝多了就知道要回家，也總還是能早起。雖然多得是他喝酒之後脾氣變得很差的黑歷史，但我現在能想起的，都是一些父子同桌時候的把酒言歡，敘舊也談心。如果說我在餐飲業工作的這些年，有什麼和別人不同的敏感度，我想就是和我爸這種中產階級社會知識分子有時自我感覺很良好的男人混了大半輩子之後，耳濡目染的知所進退，包含為他挑酒，聽他抱怨，思考他喜愛的食物口味，安排好餐桌上的食物，給他一點很基本不需要太有什麼創意的滿足。

我這輩子第一次知道，原來勃根地與黑皮諾真的可以讓人輕易迷上葡萄酒，就是和我爸在逛大賣場的時候，向他推薦了一款四百多塊的勃根地葡萄酒。結果他一喝愛上，連同他那些飯友會的高級公務員朋友們也都愛上。最後他們硬生生喝掉了人家將近一個棧板的那款葡萄酒。問他好喝在哪，他只是淡淡的說，嗯，就便宜順口啊！

其實法國的黑皮諾就是丹寧比較低，是富有果實香氣、優雅又淡麗的葡萄酒款，所以我推薦給他們這些高飲酒量的長輩們來喝個紅酒假養身，他們都覺得好好喝好涮嘴，很容易一個飯局咕嚕咕嚕就喝完了一瓶又一瓶（笑）。

開貓下去這十幾年，從小間店到大間店，我始終還是覺得父親太少來到我的餐廳吃飯。高雄台北對他們來說還是太遠，出遠門嫌麻煩，現在是偶爾我回家時，就繼續煎煎牛排給他吃，順便檢查一下他最近又從橡木桶買了什麼葡萄酒藏在他的櫃子裡。但如果可以，我還是會想著他在無聊時候能來餐廳坐坐，一個人也好，和朋友也好。我想著的是那種，餐廳與我以及家人之間的連結。那可能就是一通有著高雄腔調的電話吧。

「欸……那個今天晚上我們要去貓下去吃飯齁。啊菜錢我自己出，酒錢都算你的蛤！」

這就是我爸固定會用的話術。

因為他吃不多，但酒喝得多。這樣的對話也始終都會讓我覺得好笑，因為實在是有點老人裝可愛。

我時不時也還是會想念那個在家裡吃飯的氛圍。

和他兩個人的曾經，或全家人又在一起的現在。看著我爸開始當個自以為全世界最棒的爺爺，聽著他說我媽碎唸到他受不了。即使食物簡單，酒喝得還好，也不一定有說有笑，但每個下班之後，每個獨處的時候，在沒有人可以說話的房子，我就是會自然而然去想起那個有廚房有餐桌的家，他，我爸，隨時都會在吃飯的時候拿起酒就問你要不要，也拿個杯子來喝一點？

關於喝酒的另一種故事，關於我要說的故事，就是與那個從小就對我很兇的爸爸，藉著一杯又一杯，一年又一年去慢慢拉近彼此之間的距離，然後可以，開始說很多很多的，關於那些男人之間的內心事。

小時候
在喝的酒

我的作家朋友陳德政一聽到我正在寫書，就興致勃勃的叫我一定要寫一些只有我能寫的題目，比方說喝酒。他說如果是他就會很想知道，我以前還是搖滾文青還是窮酸鬼還在混音樂場景的時候，都喝什麼酒。

「絕對不是馬丁尼啦！」

「我也想知道你喝健力士是什麼感想！」

所以，身為飲酒資歷超過二十五年的資深酒鬼，用老屁股姿態來分享我小時候都喝什麼酒，好像也是，還可以吧？

以下品項沒有喜好與排名意味，如果有我任何特別喜愛的部分，你看語氣應該就可以發現了。

▌可樂娜 Corona

如果說我有任何喝酒方面的洋人陰莖崇拜，可樂娜就是開啟這個病症的濫觴。小時候在高雄最屌的美式餐廳、墨西哥餐廳，每個人的桌上手上，無一不是那黑白酒標與透明玻璃瓶身裡面裝載了金色液體的可樂娜啤酒。然後瓶口還要塞一塊綠色檸檬角，喝的時候，要先用大拇指把檸檬塞進酒瓶裡，讓它冒泡，接著以口就瓶，就能喝到青檸香氣與麥芽啤酒交融的冰涼清爽。墨西哥人長什麼樣子不重要我也不知道，但我小時候的墨西哥情懷，就是坐在犁社 PUB、冒煙的喬，還有 FRIDAYS 裡面，喝上一瓶價格不菲的可樂娜，就是了！

▌台灣啤酒

台灣啤酒實在沒什麼好介紹的，就看一起喝酒的對象是誰，喝酒的場所在哪，或到底是什麼樣的人會去拿台啤來喝，就行了。大致上小時候就是因為窮所以我們喝台啤，蹲路邊喝、在海產攤喝、在 KTV 喝、在原住民的場子喝，在一堆搞搖滾知識青年的局裡面喝（還要搭配長壽牌香菸）。

不管是舊的紅色玻璃瓶、經典的老鋁罐、金牌，還是好喝一點的 18 天，喝台啤是一種不知所以然的鄉愁被莫名點燃所致，是一個不小心在錢櫃裡面看到滿桌都是台啤所以就跟著一起喝，是突然被拉下來蹲在某處地上，然後發現檳榔與香菸還有保力達 B 以及一袋滿滿的台灣啤酒就這麼橫陳眼前，於是所以。

我這輩子偷喝的第一口啤酒，就是台灣啤酒。對於許多挺著啤酒肚的大哥叔伯們能夠每次都在海產攤一個人喝下一籃又一籃的台啤，我也是衷心感到佩服並致上無限敬意。

麒麟 KIRIN Bar Beer

青春中期在高雄路邊喝酒最常出現的奇妙啤酒。說是奇妙好像也不盡然，因為它就是便宜，打趴了台啤，外觀也潮，瓶身一個大大的 Bar 字印在黃澄澄的啤酒照片上，看了就爽，買了也爽，喝起來，就是爽。如果有一瓶啤酒是高雄記憶，那麼坐在路邊抽菸聊搖滾打屁講幹話的二十出頭歲，我，這東西，還真他媽的喝到一個不要不要的。在樂器行門口喝、在公園裡面喝、在公車站喝、在練團室裡面喝、在愛河旁邊喝、在城市光廊裡面喝，到處喝，所以喝到怕，喝到人生記憶如此不堪，以致在離開高雄之後，我是再也不碰這罐啤酒了。

百威 Budweiser 和雪山 Busch

玩團時期最裝 B 的美國啤酒就是百威。廣告大，形象大，美國夢，就喝這個最像也最大。好像喝了百威就能唱出饒舌和嘶吼的金屬腔，好像在音箱上面放了百威就能讓音牆出力更大。百威和可樂娜對當時候的我來說是不相上下的，但百威就是更直接與純粹的美國，就是比較濃。印有百威的衣服我會穿，百威的鑰匙圈我會拿，還有百威的杯墊，百威的貼紙，等等等等。百威等於美國，等於搖滾。小時候的笨蛋認知是這樣。時代變遷，直到上了台北多了見識之後，現在知道了，百威只剩下 gay 吧很愛喝，喝很大，據說是不容易醉。好，我承認，在這濃烈酒精到處都有的年代，百威現在呢，真的算是淡了。

雪山對我來說就是百威的替代品，除了便宜許多，還有一點是喝起來更清爽冰涼，不知道為什麼，是真的。特別提它是因為我就喜歡搞怪，所以有段時間我只喝雪山，覺得自己有品味，但後來的後來才知道，這啤酒在美國呢，都是卡車司機在喝的。

▌海尼根 Heineken

因為有一個迷戀歐風去過瑞士遊學的公務員父親，自小開始，家裡冰箱就都會有一款歐洲最大品牌的綠色瓶裝啤酒常駐在裡面。海尼根真的是我從小喝到大，所以很沒感覺。只有和家人去美式餐廳或酒吧看到有供應海尼根的生啤酒，才會好奇說要點一杯來喝喝。海尼根不便宜，一直都是，所以不是我自己會去買來喝的啤酒在小時候。也沒有覺得特別好喝。不過聽老人們說是比較不會痛風（當然後來知道根本鬼扯）。總之我和小綠綠認識非常非常久，直到2005年去了歐洲畢業旅行，在阿姆斯特丹下飛機第一站去了海尼根酒廠，喝到了酒廠現壓的生啤之後，才對它有了畢生難忘的經驗。

至於為什麼難忘？因為同學們都不喝，所以就我一個人站在那邊一直喝，喝光大家不喝的一杯又一杯的海尼根啤酒，就在抵達歐洲的一個小時後，莫名喝了個醺醺然的醉……

▌健力士 Guinness 與柏丁罕 Boddingtons

人生喝啤酒的分水嶺，就是去唸了餐飲學校之後，以及從金屬樂團換到吉他樂團開始算起的。也就是不再愛好美國屌就是大的文化了以後。那時剛好高雄開始流行比利時啤酒，還有就是我呢，開始知道要喝英國啤酒了。

對我來說，在那個英國與愛爾蘭分不清楚的小時候，健力士與柏丁罕，算是同一組的。而對一個牛飲啤酒不論內容與文化與風格的人來說，這兩款酒閉上眼睛去喝，其實也就只有苦和不苦的差別而已（好啦我鬼扯的）。但包裝絕對影響了對口感的認知，柏丁罕因為瓶子上面有一隻蜜蜂，好感先加一百分（不是），加上拉開瓶蓋倒入杯子裡會慢慢浮現一層漂亮如奶泡在表面，一喝就覺得人生滿分，太好太爽太順口，完全會忘記它酒精比較濃，咕嚕咕嚕，一瓶接著一瓶，然後就發酒瘋了（笑）。

而這個能讓瓶裝啤酒在倒出來之後有濃密泡沫的技術，就是健力士發明的。那是一顆小小的氮氣球叫做 widget，它好好的待在瓶子裡面，直到你一開瓶，氣壓改變，小球球裡的氮氣才會開始工作，讓你可以得到宛如現壓啤酒般滑順豐滿的，綿密泡沫。

所以我後來也愛喝瓶裝健力士，全是因為這顆小球球。真正的健力士生啤，在高雄與台北的老外吧裡頭又貴又大杯的那些，我倒不愛喝。不管你怎麼說，我就是愛喝這個瓶裝版的喉嚨借過冰涼愛爾蘭黑麥中藥湯。愛喝的程度是，某一年我在台北一家叫做「操場」的酒吧，把冰箱的存貨都喝完之後，叫他們給我常溫的，加冰塊之後，繼續喝。

嗯，我愛健力士和伯丁罕。它們是藝文界的啤酒老朋友、老相好、老情人，還有傲嬌的老派美好，在我青春後期的許多時光裡。

嘉士伯 Carlsberg

當兵前一年，學校課不多，在義大利麵店打工，一邊玩著英倫混雜後搖風格的樂團，一邊在家做菜寫作，一邊做著平面設計，文青魂很重，也認識了一些老外，開始會去混一間在我家附近，愛爾蘭酒吧變形的老外吧叫做「燈塔」。也就從那個時候開始，我們只要去那地方，不管是和朋友還是和我爸，都會點酒單上的嘉士伯來喝。重點不是一杯一杯的點喔，是一壺一壺的點，然後用小杯子乾杯又乾杯的那種台灣人喝法。我想遠在丹麥那些金頭髮的人一定沒有想過，這啤酒用這樣的喝法，其實還頗爽，喝得快，也裝 B。一邊看著電視機播放的運動比賽尤其是英式橄欖球，一邊喝嘉士伯，搭配酒吧裡持續播放的搖滾樂，成了我高雄後期生活的重要記憶，以及許多喜怒哀樂的人生背景。

各種比利時啤酒

最後的最後，不免要說到精釀啤酒的前身其實通稱都是比利時啤酒。因為進口商在高雄，所以當時我們在各個喜愛的文青咖啡館比方「步道」或酒館比方「小綠」，只要身上有幾個錢，也會想要喝喝這看不懂但是濃得頗爽，喝起來自我感覺不錯的所謂比利時啤酒。這個氣氛後來還持續跟著我到了台北混在師大夜市的時候。

這是我另一個重要的啤酒分水嶺，我開始知道啤酒有不同的類型以及可以和葡萄酒一樣成為喝醉不眨眼的好東西。我在高雄的所謂小時候，最後迷上的啤酒，是口味很多也有水果香甜系列，很討喜很多妹愛喝，然後牌子太多文字太長永遠也搞不懂的一系列比利時啤酒。

猶記得那天，2005 年歐洲行，在比利時的布魯塞爾市區觀光，去看尿尿小童的路上，我們幾個酒鬼同學到處在找雜貨店，幹嘛呢？廢話，當然是買各種我們沒看過的比利時啤酒。我沒記錯的話，其中一瓶酒精濃度是 30%。結果後來看到那個實體超迷你的尿尿「小」童時，真的，酒精發揮作用，我們幾個人是笑到東倒西歪髒話連篇，成了同學眼中的「酒空」神經病。

至於那些日本啤酒以及歐洲精釀啤酒的故事，都是開了貓下去之後的事情了。這一篇我想說的是，關於九〇年代到 2000 年中後期，我的小時候、青春期，搖滾文青電子藥物年代時候的我，到底都在喝，什麼啤酒。

（嗝。）

（寫完都喝飽了。）

Chapter Four

那些
教會我吃飯的人

Those who fed my soul

為了吃飯
我會做的是

我會先約一個有車的人或是我得先有車，然後我就可以把想望拉得夠遠。比方從台北跑到瑞芳去吃「海園」的炒龍蝦與龍膽石斑還有那碗招待的愛玉冰；比方可以從台南市區跋涉到很遠很遠的那個鹿耳門鄭成功的登陸地，去「媽煮妙」吃個沙公沙母；比方可以從高雄去到屏東潮州，與幾個客家人一起來一桌重口味的牛肉爐與炒幾盤麻油牛內臟來大快朵頤配點小酒。

當然還有各個山頭都一定有的土雞城，有名無名的漁港市場，或是某處的民宿餐廳或私家料理等等，那些一講出來就知道要開車不然到不了的地方，我有時候真的會，為了吃飯為了想念為了無聊，去弄了一台車或是說服某個有車的老相好，拜託，就一起，當作出遊，咱們走上一趟吧。

我也會梳洗自己會整理儀容會剃鬍除毛會噴上香水，會穿上適合等等要去的地方的衣服鞋子避免失禮也表錯情。比方去麻辣鍋與燒肉店就不要穿白衣，去高級料亭法式餐廳就戴上巴拿馬帽，去飯店就著上有領子的襯衫，去人家裡作客就記得要穿上好襪子與好穿脫的輕便鞋子。

我也會記得要帶上伴手禮，在作客的時候。不論是一瓶與主人品味相襯的葡萄酒，一盒餐後可以搭配的高級水果比方麝香葡萄，或是起司與巧克力，都好。如果相約餐廳，就準時出席，如果真來不及，必定訊息告知。為避免舟車勞頓，會選好前往地點的交通方式，要避免滿身汗，避免發臭。為了吃飯我會做的是，讓自己乾乾淨淨大大方方彬彬有禮也盡可能的一派輕鬆與寫意。

這需要練習以及做功課沒錯，這是品味的養成與一點想要自己更好的企圖心。所以為了吃飯，我會先知道當天的餐廳在哪裡，一起的人是誰，吃飯的性質是什麼，還有可能會有的情況。比方知道約吃飯的老人家們都是高粱直走，就不要再帶一些不必要的酒精去殘害自己以及惹禍上身。

為了吃飯我會做的是保持身心的良好狀態。該運動就先去運動，該做完工作就快快做完工作，該一早去買菜就安排好時間組織好流程，該前一晚準備的就不要偷懶。要有好心情才會有好胃口，才有好酒量，以及好像與你吃飯真開心的那種 vibe。

為了吃飯我還會做的是放好聽的音樂在家裡。如果可以我會開音響而不是電視，如果需要配天氣，爵士樂從早到晚的，搭配我們的老派，都沒問題。

為了吃飯我會在平常就多方攝取時尚消息與社群發燒的真假議題；為了吃飯我會在平常就練好見人說人話見鬼說鬼話的社交能力；為了吃飯我會練習看得懂菜單或是適度發問更甚至是知道怎麼累積經驗與知識，好在必要的時候派上用場，展現我身為餐飲人的專業與學養，比方看得懂牛排館與義大利餐廳的葡萄酒單，然後為大家點上幾瓶價格與年份與產區都適合佐餐的完美佳釀。

所以為了吃飯，我會有時無時去展露一種帥度，在某個不經意的當下，為大家點好一桌菜。

但也有貼心的舉動，比方幫女生剝蝦子如果她不介意，比方刻意把酒放在我伸手可及也可以持續幫大家斟酒的位置，比方熟門熟路的拿起餐具幫同桌的人俐落分菜。也要懂得敬老尊賢，比方老人家說乾杯就不要什麼我半杯。更要知道買單的藝術，這個很重要，能請人家吃飯就不要小氣，該 go Dutch 就問錢怎麼給。不要問我為什麼愛請吃飯，我從長輩們那裡學到的是，能請吃飯的人，才是厲害也會被敬愛。

為了吃飯我會做的是，把約吃飯當成重要的事，當成是生活中最需要在意的事。再累再低迷的日子，因為有人約吃飯，就能獲得力量與拯救。再不好的時刻，因為有人約了要吃飯，就能讓心情有了指南針，就能讓汪洋裡頭有一盞明亮的燈。

為了吃飯我會做的是常常約吃飯。在家裡在外面，你煮我煮，大宴小酌，各種理由，形式無拘。為了吃飯，我會知道怎麼愛人，怎麼分享，怎麼製造溫暖與記憶，怎麼安排自己也感動他人。

為了吃飯我會時時提醒自己，要與人為善要懂得禮數，要你來我往要保持真誠。我會告訴自己，每天都要開開心心保持能量，要在乎友情與家庭關係。

為了吃飯我會做的是，把握每一次與人吃飯的機會，就算只是一餐家常便飯。

如果沒有理由說不，我絕不會缺席，因為一切都是為了與我愛的人，在一起。

相約台北，孜孜矻矻

「孜孜矻矻」的發音是「ㄗㄗㄎㄨˋㄎㄨˋ」，按照教育部國語辭典簡編本的釋義，這句話說的是，勤勞努力不懈怠的意思。

用看的用唸的都這麼酷的成語，我時常都想拿來形容一種我在餐廳看到的狀態，大概就像是——現在吧，我站在那個午餐未達但早餐已過的兄弟飯店二樓梅花廳外頭，與一堆年紀比我大的哥姐叔姨們，一同緊張兮兮，但只能認命，排著隊等著那自動玻璃門後的飲茶餐廳，開始營業帶大家入位。

疫情後，只要決定來這裡，每一次，真的是每一次，都讓我覺得這些台北長輩們對於吃飲茶這件事，有夠努力，有夠早起，有打扮並且準時到達，有如上學要拼學測的感覺。

這只是開場而已。大家一入座更像是一群迫不及待午間放食的小朋友，菜單是看，但不耐煩，因為那不是重點，他們在等待的是那些車子，你懂的，那些裝滿所謂「飲茶食物」的車子。那個上頭可能擱著蒸籠、放著油雞燒鴨、疊滿金黃香酥的炸物點心，由廚房那頭推出來遊走於桌間的矚目焦點、靈魂所在。

那一輛又一輛搭載了許多鄉愁且多是不鏽鋼與塑膠製成的食物手推車，就是來這裡朝拜的所有理由與主角。

當然，入座之後的那壺茶是要先點了。來這裡沒有這麼沒不上道的。服務的人和準備吃的人都是。吃飲茶先點茶是必須，像是坐電梯要先按鍵，不然一切都會不對，劇情沒辦法往前。普洱或香片，烏龍或鐵觀音，這四種茶構成了飲茶基本入場認知。通常也只要先看茶怎麼點，就知道這桌懂不懂吃。喝茶是要看天氣的，這和什麼餐酒風味搭配不是同一件事。天氣大好的時候可以來個香片，陰雨綿綿則適合普洱，烏龍算百搭，但鐵觀音更適合在優雅聊天的當下吃著點心配著閒話。

大家吃飲茶都是沒人教的我常這樣猜想，那可能就是一種家庭習慣與生活儀式，或根本上就是一種社會的集體行為給造就出來的吃飯模式。就像我，應該是，自小跟著家人們開始在台北台南吃飲茶所以有了認知；上班之後跟著同事吃飲茶才多了知識；移居台北之後跟著酒肉朋友一起在深夜繼續飲茶，才算是有了見識。那可能都是從叫做什麼「樓」的中餐廳開始的，然後再進入了飯店

「某一樓的粵菜廳」，最後才是在台北處處都有的那個「二樓」，如果你懂，是啦，就是京星，或類似的曾經有營業 24 小時什麼理由都能去的多功能型態港式飲茶餐廳。

而相約飲茶變成我台北生活的要點之一，還是拜疫情所賜。因為知道飯店生意變差，讓我想起了某些熱門但總是沒什麼機會上門的中餐廳。於是，一發現大家都還有午間飲茶這項服務時，我就開始相約許多朋友與工作夥伴，在偶有的閒散時光裡，來到了有供應這類港點小菜的餐廳，一起喝早茶、一起吃午餐，一起來個點滿一桌菜的大快朵頤。我也在疫情這些年發現了一件事情是，男人四十，如我現在，進入了一個奇妙的狀態：遇見年紀大的長輩們，說到飲茶，都希望由我來發起這種我其實不應該比他們還熟絡的飯局；而年紀小我許多的屁孩們，則是覺得新奇，這種老派人士相約的飲食情境，能由我這老大哥帶上一起，何樂不為呢而且還不用付錢？

吃爽爽的還有老人笑話可以聽，挺有趣不是。

總之，疫情後我不知怎麼常常成了剛剛說的那種ㄗㄗㄎㄨㄟㄎㄨㄟ，時常約在兄弟飯店吃飲茶。除了這裡頭還能感覺到那難得沒有被都更掉的「古蹟」溫暖與熟悉，更有承襲自上一代的感情，以及跨越階級之後的一種生活，一種好像過得還可以的自我認定。一言難盡。但約上飯店吃飯喝茶，對我來說，就是這樣的深刻感受與各種歡愉的氣氛加總。

至於食物有什麼必點的？如果是我一個人我會這樣點，但不是真心建議：蒸蛋有的話先點；芥蘭菜與豆苗各一份，不然花椰菜也行；拼盤現在有什麼就來什麼，比方乳豬燒鴨和油雞；一碗皮蛋瘦肉粥，如果餓了這是必須；然後如果有，叉燒酥，太棒了，麻煩給我一份，吃不完我會帶走沒關係。

我知道大家還是誰家都有許多吃飲茶的癖好與習慣，比方看到鳳爪再難吃還是要來一份，比方燒賣水晶餃和腐皮卷或是有蝦子的什麼都來一點，比方腸粉和蘿蔔糕，炒牛河炒麵飯，再多澱粉好像都沒關係。至於甜品則是多飽都不管，都要來一點。那是品味與年紀加成之後才懂得吃的玩意兒，如果你懂我在說什麼。那可能是芝麻糊與燉木瓜，奶黃包與馬蹄條，蛋塔與摩摩喳喳。至此，一壺茶就該是要回沖得差不多了。淡淡的茶水在杯裡，提醒時間與體感，這才是飲茶的藝術，買單的時機點。

忘了說的是桌上的沾醬，必要有的是黃芥末與辣椒醬，也一定要混在一起變成一碟紅黃「陰陽醬」。這很萬用，要懂得用。還有醬油配生辣椒，但這我不懂，除了滿嘴澱粉會需要這樣的調味，我實在想不到有什麼理由，吃一口點心需要去沾鹹又沾辣？鹹水角與荔芋角或炸春捲嗎？我不確定。但肯定比單配蘿蔔糕來得有趣。

關於飲茶在台北，處處都還有場景能夠去，但還要能遇見主角推車，食物品質也還得當，兄弟飯店，大庭旋轉梯上二樓的梅花廳，我認為依然還是不錯的一處選擇，如果你夠勤懇，能早起，也願意保持耐性。

孜孜矻矻，記得喔，吃早茶，這個精神，要和長輩們學習！

吃台菜

我還是喜愛坐在欣葉雙城街那個本店的地下餐室，與一堆上了年紀的客人們，共處一室，尋求一餐的溫暖；我還是喜愛坐在兄弟飯店二樓的蘭花廳裡頭，就著一張小桌子與一本看起來活像是故宮出土文物的古典菜單，點上幾個小菜外加一定要的一碗台式米糕。不管是自己一人或與人相約，這裡的舒適，來自於一種很難言傳，根深蒂固的歸屬感。

我依然很愛去坐在好小子海鮮靠近門口的那個位置，看著店面門外人來人往，看著客人們站在那滿是生鮮海產的展示櫃台前，與老闆互動、點餐，甚至是有意無意的討價還價。有時候，我也常在遼寧夜市那家鵝肉城的外頭，感受到類似的熱絡與情調，再加上隔壁的小張龜山島，那就是一種「台」的氣味，不僅僅只是個海產攤或海產餐廳而已。

台語說的「呷台菜」，我想沒有人會否認這就是一種「氣」，一種「味」，一種情境，混雜在擦手巾與食物還有啤酒加上醬油與哇沙米的呼吸裡。如果你把這些全部都用音量夠的台語講出來，那就更是了。

我是開了餐廳之後才被長輩客人們帶著到處去吃飯，之後，也才慢慢在台北懂了一個所謂「吃台菜」的脈絡。畢竟這在高雄人的概念裡頭，大多數就是那些高檔的海鮮餐廳，而在台南人的成長記憶裡面，就是阿美與阿霞兩家飯店名字所代表的不同菜色與家人們的不同喜好，如此而已。

我發現伍佰雞屋就是台北大安區的台菜餐廳代表，菜單上昂貴的價格對應的是美味的道地家常與創意時令。招牌的白切雞與豬肉，還有懂吃的人都要點上一鍋的雞湯，只要時常上門，你會發現這種在地感所服務的上流階級與生活高尚的台北氣味，其實也就是一種簡簡單單的台灣菜色但手藝雅緻的極簡表達。我在這裡看過白先勇就坐在我對面，也想起曾經有位政治人物被點名說不知民間疾苦吃一個好幾百塊的便當——是的，便當——就是這家大安區台菜餐廳平時會供應的東西。

你如果能自己對應，那金蓬萊就是天母代表，明福可以說是中山區最知名。中正區則多的是什麼「樓」什麼「館」，即便我住過牯嶺街七年也在徐州路開了貓下去，但印象中沒有去過什麼台的餐廳，除了往南一點快到萬華的新東南，但我沒有很愛那裡頭的氣味就是了。身為吃了一輩子海產餐廳長大的高雄子

弟，本身就有個標準在那裡，這不是食材與手藝的問題，而是一種難以詳述的歸屬，自在，安全，與坐在裡頭吃飯的感覺。台語講的「奇摩子」，如果對，才是我會一再上門的主要原因。那可能是很多的細節加總而成，並不只是單純的食物美味而已。

大家總是在說吃台菜要去哪裡吃，但在我看來，那可能就是吃一種熟悉，吃一種親近，吃一種，好像天生就根植於腦袋與身體的記憶。手路菜也好，家常菜也行，代表了餐廳歷史背景的各種經典菜色，都可以。然而所有吃的加總那些熟悉的人情與不變的招呼款待，才是我們會一再回到一家餐廳的理由與必需。而那也就不需要用菜系去限縮格局了。你懂的。在這片土地上的每個城市，各種飲食融合一起相互影響，我就在高雄的老新台菜吃過威士忌燒北京烤鴨，在宜蘭的好春好然吃過美味手捲與各式創意又在地的蔬菜沙拉。

而知名的台菜宴客餐廳太多了，光是高雄，若非從小跟著美食家庭或商場生意需要應酬，我沒認識幾個人是會說出「我從小都吃那裡」的這般話語。但我是充滿好奇的。隨著年紀愈大心智愈老熟，我也開始有種熱愛，去約吃飯，去約那些我現在還能聯絡也在社會上有點成就的三五舊識好友，去那些以前只有長輩應酬請客時候才會上門的高級老牌台菜與海鮮餐廳。對我來說，那是體驗也拼湊，屬於我們這代人自己的飲食脈絡。也及傳承。比方當我坐在高雄海天下的包廂還是八卦海產的偌大用餐空間裡頭，我會想起的都是，來約大家吃飯喝酒聯繫感情也好好敘舊——是的，現在換到我了。

想要吃蟹黃飽滿的紅蟳，還是想要澎湖風格的海膽炒蛋，或是香煎的小卷配蝦捲？要不要再來盤香酥雞或鴨、炸烏骨雞，再煎個菜脯蛋和一盅芋頭米粉？有沒有想吃煎豬肝和九孔鮑魚？來個滷味拼盤嗎？擔仔麵還是潤餅？炒飯還是炒麵？還有台塑牛小排配生蒜頭噎，要不要來一份？

威士忌始終會在吃台菜的時候先被放上桌，但這幾年我們自己比較習慣而一些老人家們也愛裝裝品味於是所以，紅葡萄酒有時候，也慢慢被帶上來呷飯配菜。不管對不對味，是台也不台，啤酒是開始還是餐後漱口，我們心中所謂的吃台菜，可能就是這樣的規則自訂菜色固定衣著輕鬆就能達到想要的酒酣耳熱，賓主盡歡。就算是只有自己一個人，就像我大部分時候，走進我心中所謂的台菜餐廳，也能點上幾個老相好菜色，自得其樂，自我滿足。

那些大宴小酌的時時刻刻，如果你還能回想起來，扣掉原本就以中國菜系為名的餐廳，或那些眷村風格延伸而成的私房菜館，我們何處不是在拿著筷子的時候，吃著台菜呢？

如果有天你不經意看到我一個人，坐在欣葉或是兄弟飯店二樓獨自吃著飯，話都說到這裡了，不介意我們就小聊一下，交換各自來到這裡的吃飯理由和一些點菜的故事吧。

到處存在的場所，
與到處不存在的我

看著那幾幅常玉的裸女畫作，是不是真跡不重要，一種「啊妳們怎麼會在這裡」的詭異心情，才是我心裡真正的疙瘩。

繼續走在大得如迷宮的餐廳裡，有種回到飯店的既視，又有點像是去了酒店或是什麼建商招待所的體感錯覺。

穿過一個有著巨型旋轉桌面的超大包廂，主理人解釋說這裡是用來吃「個人鍋」的。也就是說，圍著那個大桌緣埋了大約二十個小電磁爐，目的就是要讓每個人吃一個鍋的巧妙安排。

走進廁所，則有種時光倒轉，回到我還在飯店工作時所感受到的那種氣派感：大理石的地面與牆面，熟悉的 Duskin 香氛氣味——你知道那是什麼嗎？就是很多飯店百貨廁所都會黏一個在牆壁上，然後定時會噴出芳香劑的一顆像是老式電鈴般的塑膠設備。

我時常還是會有一種格格不入的文青病在心裡發作。那個畫面就像是存在主義小說被拍成意識流電影，我坐在裡頭——在遇見剛剛說的那些之後——一間完全密閉，有抽菸設備的老派包廂，與幾個老闆們，一起吃著改良的江戶前壽司，然後不要忘記我內心戲正在發作，懷疑這一切的發生——喝著啤酒，聽著男人笑話，一口吞下空運來台的高檔鮪魚腹肉——是合情合理的事情。

回到幾天前，我在一桌受邀的宴席上，因為一碗鴨湯煲花膠裡頭有一顆軟嫩白拋的魚丸美味至極，而吃到有點懷疑自己，是何德何能可以坐在這裡，吃上這一桌風味高雅的美食逸品？席間大家喝著傳奇的加州葡萄酒，我不知怎麼了，竟有點不好意思的脫口說出，自己最近喝的酒怎麼都這麼好，不是喝到勃根地就是這般美味的美國頂級膜拜佳釀。

我不是上不了檯面吃高級飯局的人。經歷過上個世紀餐飲服務工作與中西餐訓練，除了高檔法式餐廳內外場，這十幾來年在貓下去，讓我半迫強的練就了與任何人都能說上一些話的技能。這可能也是我愈來愈常被約上飯局的原因之一。倒不是我很會攀談、愛交朋友，或說很會交朋友。根本不是。我平時有互動的，大多是工作與餐廳延伸出來的人際關係——而這個局裡頭除了有酒商和餐飲公司老闆，還有建商和其他不同行業的老闆，這樣的人際組成，有時成為我進出一些平時想都沒想過的吃飯場景與各類高檔場所的主要原因。

比方坐在一家米其林星等的法式餐廳裡，在專業廚師與服務人員圍繞的環境下，我和投資這家餐廳身價上億的老闆們同桌，吃著小巧精細的食物，喝著風味層次高雅的無酒精調飲。那種既與同桌的人愉快相聊，但又無法不去在意周遭同行關注的怪異心情，成了我這一餐最難忘的體驗。

也有過幾次，是的幾次，坐在壽司板前，吃一口高級魚鮮，喝一口冰涼清酒，我不確定我是不是真的能吃懂這些但，我確定這一餐要價不菲。那是好幾張小朋友的花費外加要有個名字，才能訂得到位置才能坐得進去的日本料亭。在位置不多的吧檯上，明確感覺到的是一種奢華與放鬆，許多寧靜的小小時刻，穿插著敲杯子與料理師傅傳遞食物的聲音片段，組合成這一餐的風景。以及時不時的拍照，對著酒瓶或是那擺放在盤上的發亮食物。我則是接下那個用海苔包裹的橘黃色海膽，一口氣放進嘴裡咀嚼吞下。

我覺得自己享受到的是同桌吃飯的人一起發出「好吃」的那個聲音與氣氛，而不是食物本身。

這有時讓我覺得很怪。雖然我很明確知道，因為這每一次經驗，才組合出了我之所以了解什麼是好吃什麼是天籟而什麼是普通的，那個認知。

但一個人一臉茫然的坐在那裡，像是魏斯・安德森電影中的人物看著鏡頭的樣子，就是我大多時候吃著這些飯當下的心情寫照。請別誤會，我並非不喜歡這些，但我確實常會進入這樣的狀態，想著這一餐的用意與這樣難得的遭遇。是不是源自於原生社會階級的不適應，我不確定，就算多年的餐飲工作練就了品嚐與演繹品味的能力，我還是滿腦子懷疑自己的出生背景坐在這裡是否得宜或其實是，想諷刺想提醒我，人生處境其實還不夠成功還沒有成就所以無法享受這些附庸風雅高檔吃喝帶來的，生活情調？

也可能只是想到了付錢而已。

某晚，在一間供應套餐的小料亭結束用餐之後，我站在門外的街上，同席的長輩走出來笑笑的跟我說：「這家還是好好吃，但真的是，好貴啊。」

伴著一抹幽默的苦笑。

當他笑的時候，我也跟著笑了。畢竟我只是因為好友的邀請而有幸同桌。

但說真的，那一晚我還能記得的，好像也就只剩我帶去的生日蛋糕，其他的，就是一個沒喝酒只喝茶的人（我）花掉了快五千塊餐費的茶餘飯後。

先有蛋，才做愛

「我從以前就深信，先學會在早上為愛人煎個像樣的蛋捲，才和那個人上床，是比較恰當的做法。」

——安東尼．波登，《半生不熟》

現在說出來可能很難讓人相信，在我還小的時候，學會做一顆漂亮的蛋捲，可是能把到不少妹子的。

是的，在那個崇洋媚外的大年代，我在飯店的餐廳外場工作，看著煎台後的廚師們，總是能用精湛的「搗蛋」技術，滿足客人，也收服了諸多（女）同事們的心與嘴。

你大可以抱持懷疑，但說真的，什麼時候你才會有機會，做早餐給心儀的女孩子吃？嗯，話就先說到這裡。

關於蛋捲，英文 omelette，從我接觸西餐開始，就一直是大家都喜愛吃，都吃過，也一定小有研究的一道蛋料理。說是蛋捲，其實好像也可以說是蛋包，對我們的理解來說，都是用一只鍋子，把蛋液凝固，然後慢慢對折或捲起，變成一顆圓蓬蓬的黃色橢圓食物。不管裡面有沒有包東西，光看外表，我想除了對蛋會過敏的人，應該沒有人，是吧，應該沒有人會不喜歡的吧？

而做好蛋捲需要很多練習，一個廚藝白痴按照我的經驗，要從零練到會，可能練掉一整個全聯架上的蛋都還嫌不夠。經驗來說，如果你不是熱衷家事廚藝這件事情的人，那麼一定得是在飯店的自助餐廳，或是供應整日早午餐的餐廳工作過，才有可能練就一手做蛋捲的好本領。

按照老派的說法，美國廚師們，會把蛋捲做得好像是嬰兒屁股般光滑彈嫩才行。而且吹毛求疵的老師傅還會強調不能用叉子以外的烹飪器具來製作。標準做法是用奶油、蛋，以及一點點鮮奶油，在鍋子裡藉著適當的溫度與持續攪動，讓蛋液均勻凝固，之後邊敲鍋柄，邊把鍋裡的蛋漂亮的滑到盤子裡再動手捲起，或者就是帥氣的在鍋子裡直接捲起。

嗯，是有點像在練習民俗技藝沒錯。

我在貓下去小店初期也有供應蛋捲，那時候的做法已經是改良版，我們用的是不沾鍋與耐熱刮刀，以折口布的方式，先將半凝固的圓形滑蛋從前緣左右向內翻折，接著再從左右折出來的那個頂角向內對折一次，並稍微滾動來一個「滑翻」的動作，使蛋內捲變成一個蓬蓬的半圓形，就可以盛進盤子裡了。那時候我們其實做得挺好的，但後來就是，嗯，生意太好了，覺得這東西一忙起來總讓我們在午餐時刻疲於奔命，每天都像台語說的「拏草」，並且，說實話，當時的我並沒有因為蛋捲做得好而更有女人緣。於是如此，想做的菜還有很多，蛋捲也就沒有再繼續賣下去了。

好吃的蛋捲，對我來說，是任何時刻解飢解饞的好東西。在疫情爆發那幾個月裡，我重新養成到公司做早餐的習慣，大多數時候如果不是吃水果或蔬菜，我就會先跑進廚房，為自己與值班的大夥做一顆五分鐘搞定的懶人蛋捲。

說是蛋捲，但我其實是不管英文與西餐的原意了。我連蛋都不打均勻，也不用奶油與鮮奶油，就只是熱好鍋子，倒入芥花籽油，接著倒進三顆蛋的蛋液，以湯匙持續攪拌直到產生凝固狀態，就把火轉小，讓蛋持續煎香與凝固，然後擺進一把菠菜或兩片鵝黃色的切達起司，將鍋子離火，以餘溫繼續，灑上鹽巴與胡椒，最後用湯匙把整片蛋對折，就成了。

我的蛋捲現在喜歡這樣簡簡單單看來白白黃黃相間就行，半圓形的樣子也有點笨笨的可愛。重點是可以很快，沒有壓力，少有失敗。只要再搭配好吃的麵包（我愛裸麥麵包，要烤到很上色），或是酪梨（要夠熟），一切可能就近乎完美——如果再加上一杯奶少的咖啡，冰的或熱的。說真的，在台北這麼多餐廳的城市裡，這可能是 Google 也搜尋不到的純粹的好東西。是吧，大多數餐廳賣的早午餐好像都太豐盛了——尤其是在貝果退流行之後，現在可是大吃可頌的年代。但如果大家知道胖這個字怎麼寫，呢，我想那些高血糖的漂亮食物你會選擇少吃一點（要忍耐啦）。

做好蛋捲很讚，但也不禁讓我想起以前認識的那些很會做蛋捲很有女人緣的師傅們，是不是真如安東尼．波登說的，因此換來一場又一場，美好的性愛？

曾經我還文青，在雜誌社當編輯的青春時期，總是幻想著一種故事情節是：早晨，我先起床了，慣性走進廚房，想為還在熟睡的女孩做一桌有蛋的早餐，待她醒來之後給她一個驚喜。

於是我做了一個蛋捲配上沙拉與麵包，用摩卡壺煮了一大杯的熱咖啡。氣氛很美，味道浪漫，我以為自己就是電影男主角，坐在餐桌旁等著女主角出現。

她可能睡眼惺忪，像個孩子，或眼妝模糊，像派對結束後的大學生，但不知怎麼，她看著桌上的食物，動也不動，直到我要開口而她也很有默契的開口……

「不是我在減肥，是我真的，很想要先去廁所吐一下可以嗎？」

我最愛的
牛排館

我最愛的牛排館，是承襲美國風格而台灣獨有的用餐氛圍。

是崇洋媚外年代下的產物，但也依然是最受愛戴的西餐場景。如果你懂我在說的是什麼。

那應該是滿室生香的焦化奶油圍繞在牛排上桌之後的空氣中，是此起彼落的歡聲喧嘩，也是服務人員穿梭其中，將托盤上肩，傳遞菜餚而成的各種滋滋作響與高度專業的微笑以對，低聲應答。令人好奇的食物總是會布滿眼前。因為香味。而那絕對不只是牛排而已，也包含其他好東西，像是龍蝦，各種海鮮，甚至雞肉魚肉、羊排或豬排，再加上妝點主餐的配件，玲瑯滿目，五花八門，也萬象紛陳。舉凡蔬菜棒、酥皮湯、洋蔥圈、烤蘑菇，甚至是奶油蝦或餐包，都一直是我心目中，對於吃牛排吃西餐的，必要搭配。

牛排館更是我在經濟寬裕之後所沉迷也喜愛，在每個城市包含台北台中與高雄等等，與不同的人在各種需要吃飯的時候，時常安排相聚的私密所在。

這似乎是一種美式餐廳早已光環不再，而飯店大廳 café 與西餐館紛紛放棄傳統服務精神之後的僅存闢護。對我來說。我最愛的牛排館，可以是吃早午餐的去處，可以是商務的俱樂部，可以是慎重約會的場所，可以是與家人聚會在各種需要餐廳時候的最好選擇。

那氣氛一定是老派又典雅，也一定要有沙發卡座的位置，像是夜店包廂那種格局如果你懂。沙發椅背的高度必需要能靠手，如果承襲的是舊日美式，則要讓人能夠就著這樣的卡座位置，圍出一個吃飯與小聲談話的巢穴感，這才是真的夠情調。甚至是包廂。牛排館的包廂不是台灣人吃飯喜愛的那種「你們都看不到我」，而是一種被玻璃隔間與採光窗景所包圍的「我就是不一樣」那般令人側目也羨慕。想像在上個世紀，還會有一堆上流人士男男女女，在裡頭吞雲吐霧舉杯共桌的衣著鬢影，所謂牛排館的包廂，我認為不單純是以高檔奢華為目的，而是反映一種階級——一種關於熟客與 VIP，或消費要夠頂，才能夠有的特別待遇。

我最愛的牛排館就是這樣的存在。就是要鋪著白色桌布，再擱上漿好又折起的口布，永遠都是閃亮的銀色餐具映入眼簾，也必要有服務葡萄酒的各種透明杯杯瓶瓶。那才是牛排館，那才是各種美國文化的直接或間接傳遞，是歷史的遺跡，更多的是，代表了一代又一代的客人在這裡度過人生大小事的諸多記憶。那才是夠格的牛排館變身而成的一家又一家，經典西餐廳。

我最常去的牛排館，是台北市民生東路的「茹絲葵」，一家開了超過三十年的正宗美式高級牛排館。如果說我有各種老派約會之必要，這裡就是我不假思索腦袋第一個想到的好地方。正確的使用方式我不一定說得精確，但我會告訴你就是先好好的看菜單，知道得按順序編排開始點菜，這樣，才算是懂行道。先點個前菜比方牛排沙拉或是豐收沙拉都不錯，有蟹肉的都是招牌菜，像是蟹肉鑲蘑菇這道就一定要點。如果你和我同桌，我就會連著牛排主餐與配菜一起點，吩咐不用分道上，可以通通一起來，比方點個紐約客三分熟，配個烤玉米與熱薯泥，再加個烤蘆筍與通心粉。那就像是在高級場所吃著美味酒館菜，場面好豐富，好熱鬧，大夥的手嘴會好忙碌，但也是吃得好開懷。

這就是一種我愛的狀態與姿態。這就是適合吃著肋眼丁骨與菲力，搭配法國美國紐澳新世界葡萄酒的美好境地。是永恆也是當下，是浪漫也是粗暴，是各種情緒與人物加總之後的溫暖而美好。真的。就在那一張桌子，一只又一只的熱盤子，一瓶又一瓶酒標上畫有一隻牛頭梗暱稱叫做狗狗的加州紅葡萄酒被開起之後。我總是會迷失在這樣的氣氛裡，成了心甘情願掏出信用卡買單的火山孝子並且甘之如飴。我如果有狂妄大夢，就會想要也經營這樣的一家餐廳，並且讓它像個歷久彌新不可一世的城市風景，必訪勝地。

我想那會是既有歷史又有態度，既有規模又深諳世故，有老餐飲與新鮮事，有老靈魂，也隨時有新面孔。

我想得到的每一個關於台灣各大城市 anywhere 的西餐，最終的解答與樣貌，可能都會是一家政治性必須超級正確的牛排館無誤。

而那個正確，有可能是隨著時光流逝人進人出吃吃喝喝所造就的奇妙變形與歡樂場域吧或許。

我最愛的牛排館，如果你也聞到了某種文字帶出的迷人氣味，甚至滋味，是的，這一篇的結尾就是寫在某個吃飽喝足後的晚間九點半，在茹絲葵，這家經典的美式牛排館裡。

義大利麵店
是很棒的約會地點

簡簡單單，乾乾淨淨，不要太多裝潢，也不用刻意的排場，一家只賣義大利麵的餐廳，小小的靜靜的，就可以是兩個人時常相約一起去吃飯的好地方。

你吃什麼我吃什麼，今天的天氣適合多來點什麼，一邊討論一邊決定，一邊聊天一邊培養吃飯的心情，是這樣的氣氛，組合出了我心深愛的義大利麵時光。不管相約的是誰，兩個人，一張小桌子或吧檯位置，幾張餐巾紙與湯匙叉子，大致就能配著各種約吃飯的理由與心情，說著東南西北各種小聲交談就能交換意見的諸多話題。

義大利麵店對我來說是很棒的約會地點。我要說的是這件事情。相較各類西式餐館，義大利麵店，總是可以輕易消弭認知問題，可以跨越階級，可以避免對於食物文化的理解不足所造成的排斥甚至畏懼。

一家好的義大利麵店需要具備什麼條件？

當然是好吃的義大利麵。雖然不一定要多道地的烹調手法或口味才行，但基本義大利國旗顏色那三款可不能少。一定要有綠色，拜託，一定要有個青醬的麵，老派的配上蛤蠣都行。品味好一點用綠色蔬菜與豆子加上鹹鹹的燻肉，而我依然喜愛蔬菜加上海鮮的做法，比方把蝦與花椰菜切成小丁，加上台灣九層塔做的青醬與高湯，讓綠色去帶紅色，好吃得不得了。

白色，奶油醬，太濃郁的太日系的都可以，但菜單上只要出現那個叫做培根（奶油）蛋汁麵的選項，應該沒有人不會去點來吃。各種變化版本在我們的城市裡頭流竄。通常是，只要有人做這個麵，就會有各種不同的表達與解讀。鮮奶油可以進來，高湯可以取代麵水，起司與蛋的比例可以取捨，甚至是培根，我會更愛水煮的清爽而不是煎得脆脆再拌進麵裡的那種油香濃郁。我喜愛到處品嚐不同的蛋汁麵，也認為這是一家義大利麵店必要存在的操作型定義。

紅色必須是番茄紅醬的各式各樣義大利麵，這沒什麼需要討論的。不同的是，在融合各種文化的台北義大利麵店，若能把日系的番茄醬臘腸拿波里義大利麵，與義式的波隆那肉醬義大利麵同置一處，那我肯定會給予很高的肯定。真的，不要再吃什麼煙花女海鮮義大利麵了，有時候單純一點，把切塊番茄加入某些巧思變化的紅醬義大利麵，用最直接的姿態迷倒我們這些義大利麵紅醬迷足矣。口味當然必須要調整，就像我們嗜吃甜多過酸，也愛奶油的香滑多過橄欖油的鮮綠，但萬象紛陳的當代，離經叛道你得有憑有據，好吃又有文化底蘊當作背景時，必然會有欣賞者吃出那個有思想的筆觸、有意思的風味建構。

所以我總愛用罐頭番茄打泥熬煮濃縮成醬，接著加入大量固態的黃澄奶油使質地稠化與口味提升。這個私房「番茄糊」，就是我做紅醬麵必要添加的祕方。

回到餐廳裡，兩個人的桌位，白天晚上，我會選一杯冰涼的紅茶或濃香的咖啡來配義大利麵。葡萄酒有其必要但相信我，很少有人在麵店喝酒。啤酒也有觀眾，但真的不是大家都像個老饕熟男那樣需要餐餐都有酒。飲料很重要，但在這裡，我們都同意，咖啡或茶，或檸檬氣泡水，簡單就是好。

至於風格與派別，選用的麵條是乾燥或手工，我們都愛的義大利麵店其實是一種不著痕跡的親切；是油煙忽隱忽現的小巧歸屬，與一種源自於青春的味覺記憶；是還沒開始聊正事但一定可以先聊食物的那種奇妙默契；是就算陌生的初次見面也可以很有話題的看著菜單，覺得一切眼熟，然後互相聊著喜好，在接著上菜時看著對方的尖管麵或細長麵配著不同顏色的醬汁會一起說著，下次可能也來試看看其他什麼的那種有趣默契。

永遠可以輕鬆無束的開始與結束，不管是決定相約或最後的掏卡結帳。

如果那又是一個天氣不錯的日子，坐在一間採光明亮又迷人的義大利麵店裡，不管對象是誰，這樣的約會，應該都很難讓人不喜愛吧？

關於野餐，
我想說的是

野餐必須是一種小眾行為，這是不容否認的。想想那些常常在河濱公園舉辦大型野餐的珍奇鬥豔，遠遠望去，會有種，不確定是在野餐還是在普渡大拜拜。

野餐是培養生活組織能力，忘記道德束縛的活動。所以你得先讀一些村上春樹的散文集，尤其是《村上收音機》，不然那本《遇見 100% 的女孩》也行。

你可以一個人，但最好是找一些人，或是和喜歡的人一起。總之要有人一起，畢竟總會遇上剛好要去大小號的時候吧。有妹的約妹，有狗的帶狗，有吉他的背吉他，有單車就騎上；有菸的帶菸有草的帶草，有工具人的也記得帶上，總得有人幫忙拍照幫忙收拾你知道的。

你得學會準備食物，足夠的食物，這是 Rule Number One。足夠給人吃，給狗吃，給樹上的松鼠吃給旁邊窺視的遊民吃。

你得準備很多酒，這是 Rule Number Two。冰桶可以放計程車後車廂不用擔心。葡萄酒、啤酒、清酒，保力達 B 或松茸藥酒，威士忌或龍舌蘭，都沒有不行。如果你碰巧是跟上一場豐年祭，那就多帶幾包解酒錠。

要有食慾，但最好是有開懷暢飲的心理準備。這是 Rule Number Three。

要有時間，避開週末和假日才是最聰明。

要可以引人側目，但不要應付陌生人的小孩，這不是路邊現成的幼稚園。

酒喝得開心比吃飽更重要，請先在心裡複誦三十次。吃得很好也比吃得很飽重要，這就算不是野餐也應該要知道。總之要開心，最好先練習一下笑話，有時候必要聊聊八卦，這是 Rule Number Four。

關於野餐墊，在撥接網路的年代就有人發現，其實雙人床單也是挺好用的替代品。沒有野餐籃可以考慮紅酒木箱，拍照一樣假掰漂亮。如果都沒有，那就買個超大塑膠袋，常常凹豆登山的人都知道這東西有多好用，便宜又防水，所以電影裡頭都用來裝屍體（不是）。

不要帶音響，聽聽城市裡頭鬧中取靜的所有聲音。但這只能說說因為一定會有某個傢伙凍未條把手機掏出來播上幾首 K-Pop。

不要亂丟垃圾，但可以餵食小動物與鴿子或小麻雀。

不要喝醉亂唱歌，會引來公園警察關切，和平常就在那裡唱卡拉 OK 的阿北阿姨來拉攏同樂。

最最最記得不要用塑膠杯喝葡萄酒。在必要假掰的時候，你還是需要到 IKEA 去找一些丟棄不心疼的玻璃酒杯來裝個 B，才最聰明。

野餐是純屬老派的約會，老派生活的情調。要稍微打扮，要精心設計。要先培養情緒，最好是去串流平台看幾部關於野餐的電影或影集（更老派的你給我去看 DVD）。

野餐不是烤肉，不是野炊，不是露營裝備競賽更不是登山吃泡麵的那種你最珍貴。野餐是上個世紀的文藝青年都想過但都做不好的事情，所以你有責任必須接下這個火炬。

要證明一個男人是不是嘴泡，約他野餐；要證明一個女人是不是夠放得開，約她野餐；要證明一個人是不是值得交往的酒肉朋友，當然是約出來野餐。

公園裡，都會男女把酒言歡，有吃有笑。陽光忽隱忽現，有微風，有青草味，有無拘無束的香菸味與香水味，有打翻的酒杯吃完的食物凌亂的衣服鞋子以及滿地不知道到底帶來幹嘛的道具器皿。

雖然想起有些人還是會覺得噁心，但一起野餐的這些人事物與風景，都會是，你一輩子無法忘卻的難得記憶。

｜關於野餐吃喝的行前準備｜

沒有什麼比貝果更適合帶去野餐，去買你最喜愛的那一家，好市多的也行，原味和帶有甜味的，就是野餐最好的澱粉食物。現在很流行的可頌也沒有不行，窮一點的我們去買 7-11 的大亨堡熱狗麵包就很萬用了相信我。

買一些奶油起司抹醬，有燻鮭魚帶燻鮭魚，有燻肉帶燻肉，有火腿帶火腿，配一些軟軟的起司片，就很澎湃。果醬就帶你愛的，花生醬我推 Skippy，巧克力醬除了 Nutella 其他都不准出現。煉乳去買超市那種牙膏形狀的，最棒。

沙拉可以準備，但你得用夠好的保鮮盒才能保鮮脆。拜託不要去想那些容易變質的蔬菜水果，一盆綜合水果與一盒沙拉葉就夠，不管各種溫度各種場所大家都可以七嘴八舌亂七八糟拿叉子直接分食。

有興致，可以烤一塊肉帶著，配一些醃漬的橄欖與酸瓜，但盡可能不要搞得太複雜，氣氛比較重要。不是要去公園吃大餐，也切忌滿腦子炫技想法。

關於葡萄酒，重點來了，沒什麼比得上冰涼帶著青草與水梨氣味的白蘇維濃（Sauvignon Blanc），香甜微酸甚至帶點氣泡的麗絲玲（Riesling）或蜜思嘉（Moscato）也很棒。紅酒找一些可以冰涼開始喝的是最好，比方質感好的黑皮諾（Pinot noir）或梅洛（Merlot）或希哈（Syrah）或金粉黛（Zinfandel），都很棒。至於啤酒，都什麼年代了，妹子只喝 9.99 啦！

剩下的，氣氛問題。在台北，你可以有大安森林公園之外的選擇。要感受縮小版的紐約氛圍，二二八公園（新公園）也許，有古蹟有草皮有捷運的通勤人潮，很不像台北。要感受世外桃源，市民大道忠孝西路旁的玉泉公園不錯，有一種日本電影裡頭才有的小情調。

以上我的野餐建議，我的二十到四十歲，我想和你說的就是。

我吃雞胸
就可以

雞腿可以給你。

真的別介意。我吃雞胸就行。

我愛雞胸，如果我們相約吃炸雞，我會默默讓你知道這好東西，都給我沒關係。我知道雞胸少有人愛，但我完全可以多多益善。好吃的炸雞對我來說，不是雞腿也不是雞腿排，就是一塊酥脆多汁的炸雞胸。

如果再配上金黃色的烤比斯吉，或是軟Q的奶油餐包，就堪稱完美。什麼蛋塔鬆餅或薯條，在我認為，都是沒必要的配件，徒增熱量與噱頭的招數而已。

好吃的炸雞，就該是連皮都會讓你想要吃下去。而雞胸擁有最完美的比例，一口咬下，既能吃到厚實又精瘦的肉，又有酸奶與油脂麵粉結合的雞皮外衣，那幾乎就是一份嘴裡丼——一邊咀嚼一邊擦嘴，一邊快快吞到肚子裡——是好不滿足，也好容易不滿足的，天籟食物。

於是懂吃的人如我，就是一口一口，配麵包或做成漢堡，都沒有不行。我享受的是炸雞的「炸」和「雞」，是一瞬間吃乾抹淨像個孩子般的吮指回味，滿足微笑。吃炸雞，就是要既單純又痛快，就是要能當成正餐也能當作點心。

配著炸雞吃的，還有一個叫做涼拌高麗菜英文叫做 coleslaw 的好東西。那是生高麗菜絲、蘿蔔條、紫色甘藍菜，拌上美乃滋與油醋汁做成的沙拉逸品。我很愛與炸雞配著吃，如果店家有提供。而奶油烤玉米，整根或切粒，如果有，也想讚。畢竟玉米配炸雞，天經地義，熱量我們先跳過沒關係。最後是濃湯。巧達湯、番茄湯、玉米湯或蘑菇湯，只要不是秋葵湯，一口肉配一口湯，或把濃湯當沾醬，我想都是老少閒宜，沒有人會不喜歡的好吃法。

所以說到這裡，你是否察覺到我的喜好與品味了？我愛炸雞，就像美國黑人愛 soul food 那樣。我愛它帶來的撫慰心靈與滿足生理。我愛那個溫度、質地，那個快感，以及反映了我的出身背景社會階級。

當然我更愛吃雞胸的理由是因為它耐吃也不會讓人覺得膩，放冷冷的吃有時候也很可以。而愛吃到小題大作的原因，也可能是源自一種沒人喜歡唯我愛的孤芳自賞，眼光獨具。

你是不是也覺得我很怪說了這麼多的雞胸愛？

但是不是也想到了現在都沒人吃雞胸也沒人記得炸雞應該要有雞胸更怪？

我後來發現還有一個地方供應著好吃的炸雞胸，就是老牌經典頂呱呱。你應該還沒忘記它吧？雖然頂呱呱的炸雞偏台派，不美式，而且沒有明顯寫出雞胸兩個字在菜單上。但如果你懂它的分門別類以及點法——辣味的是雞胸，原味的是腿排——那麼就能在這裡點上一組世界獨有的炸雞吃法，就是一份辣味炸雞配一顆呱呱包。知道呱呱包是什麼嗎？簡單說就是雞皮包油飯，然後用牙籤縫起來的一顆「飯包」。這可是只有台灣人才想得出來的好東西，是吧？吃個炸雞能吃到雞胸與雞皮還有油飯，妙不可言的爽，如果你知道我在說的是，關於炸雞，台灣人也有一點我們自己的奇妙組合與創意。

如果相約吃炸雞但決定要自己做，有一台目前家廚市場頗紅的「小Ｖ鍋」應該就能大致搞定。一切只需要膽大與心細，食譜有看仔細，知道有付出才能有所得，我們就先動手做，再一起坐下來吃，那麼一定可以達成目的兼具可能難得的，感動彼此，感謝自己。

是吧，在家做炸雞噎？

雞胸給我雞腿給你，沙拉我會做你只管開好酒，如何？

快來相約吃炸雞吧！

｜你也可以做出好吃的炸雞在家裡｜

在家做油炸食物其實是一件麻煩事，但請相信，只要試過自己做的真材實料手工炸雞，你就會覺得再多麻煩事也都值得了。傳統上，炸雞是美國南方人週日固定會吃的大塊肉食物。下面食譜改編自名廚托馬斯・凱勒（Thomas Keller）與飲食作家邁可・魯曼（Michael Rulman）所著《家庭專用食譜》（*AD HOC AT HOME*，暫譯），和傳統做法比起來，這裡多了浸泡濃鹽水（brine）的過程，但他們說，這是史上最棒的炸雞。

炸雞材料：

大家都會建議雞腿與大腿骨，但小王八蛋我要吃雞胸啦（也更容易熟）

請肉販挑肥一點的肉雞，或是仿山雞，預設一個人吃 2 塊的份量

中筋麵粉 6 杯（想要更薄脆，試試低筋）

泡打粉 1 大匙再多一點

牛奶 1 杯混合檸檬汁 1 大匙，做成類似 butter milk 的酪奶

新鮮黑胡椒、海鹽、墨西哥辣椒粉、洋蔥粉、大蒜粉各 1 小匙

濃鹽水材料：

水 4 公升

海鹽 160 公克

小型洋蔥 1 顆，切成細絲

大蒜 6 瓣，壓碎

黃檸檬 3 顆，對半切

月桂葉 6 片（新鮮的最好）

蜂蜜 30 cc

黑胡椒粒 20 公克

新鮮百里香 5 枝

新鮮巴西里 1 大把，帶梗帶葉

新鮮迷迭香 1 枝

｜炸雞步驟｜

先製作濃鹽水。把所有材料丟進鍋裡煮滾，攪拌均勻後室溫放涼。將雞肉平均放入鹽水中浸泡至少 6 到 8 小時，最多不要超過一天。醃好之後，取出雞肉，冷水沖乾淨，用餐巾紙把表皮擦乾。

將所有粉類材料倒入一只夠大的容器中混合，這就是你的炸雞粉。裹粉順序，先沾一層薄粉，再沾一層加了檸檬汁的牛奶，然後再沾一次粉。沾好粉的雞肉不要交疊，避免黏在一起。

油炸。取一只你認為最適合油炸的深鍋子，或就是，嗯，小 V 鍋（請自行谷歌這東西）。炸油的量，最少需要能淹到雞肉一半以上的高度。加熱至攝氏 150 度，此時表面會產生油紋，或用木竹筷子放入油中會產生氣泡。一次不要放入太多雞肉，讓它們能均勻的在油中游動，炸出來最漂亮。

剩下的其實很簡單，將雞肉丟進鍋中，炸 2 分鐘，翻面再炸 9 到 12 分鐘。撈起，放在鋪有吸油餐巾紙的盤子上靜置 5 到 10 分鐘，就可以開動了。

在高深的高段的高級廚藝範疇裡頭有分兩次炸的技法，但我沒有意圖挑起我也略懂略懂的意思，所以這裡就別假鬼假怪了，先照著做就好齁！

怎麼吃麥當勞

你一定會有你的看法但我不太想管。

而且我要強調是吃麥當勞。

不是什麼速食店理論不是肯德基不是漢堡王不是頂呱呱更不是什麼 SUBWAY 與摩斯漢堡。我不想管。我連小時候在高雄吃的小騎士德州炸雞與溫蒂漢堡我都不管。

我會吃麥當勞也只吃麥當勞。不管什麼聯名什麼動漫什麼韓國明星團體。

我愛那個恆久的安全感、熟悉感，也有溫暖。就算那裡頭不太算有真正美味的味道，但確實是我們自小就有的，充滿依賴。

是的，依賴。

給你去處，給你自在，給你不用懷疑的實實在在。就算物換星移產品增減替換。就算我們的年紀已經青春不再。

我會在某個醒來的空虛寂寞病的時候，去吃麥當勞早餐。我愛滿福堡一直是。也愛乾巴巴的鬆餅，配熱熱的黑咖啡，和冬天的時候更必須要有的炸薯餅。

那是沒人可以替代的治癒與滿滿的回憶充滿在身體與心裡。

我也會吃麥克雞塊，如果你不愛我可以全部自己來沒關係。不用沾醬我從小就喜歡這樣。我可以吃雞塊當午餐當下午茶當宵夜當世紀末的每一個無聊的必要消遣。

我可以吃麥克雞塊，在每個不知道要吃什麼而肚子又不是真心餓的慌張時刻。我會在累了一天後問身邊的人說，要不要，吃雞塊，我們叫雞塊來吃吧？

通常答案都是好啊好的好棒好噎，然後過沒多久，我們就著大大的紙盒滿滿的雞塊你一口我一口吃個滿懷。

我愛麥當勞的炸雞夾在漢堡裡。美乃滋與生菜絲，麥香雞排或勁辣雞腿排，我都愛，從小就愛。比起帶骨的麥脆雞，我更愛這兩片麵包裡的麥當勞風格炸雞。

就算你永遠都搞不懂那是怎麼被製作出來的，I don't care，不吃漢堡的堡只吃裡頭的炸雞是我現在公布的小祕密。心情好就直接增量變成兩塊。

其實漢堡的堡有個名字叫做滿意麵包，如果你不知道現在知道了。台灣麥當勞的網站上其實有很多你我吃了這麼久都還不知道的趣味資訊可以查查看。

大麥克我是少吃了，我現在愛的是四盎司雙層牛肉堡。美味到不可思議讓我甚至一度強調這不該是麥當勞會出現的漢堡。如果你算數夠好就知道，兩塊四盎司就是八盎司，跟一塊牛排已經差不多。用滿意麵包夾上這特製的多汁肉餅融上兩片切達吉事配上酸黃瓜與洋蔥絲還有番茄與芥末醬，是不是，光講出來你都想吃了？

也不只是滿意而已。更多的是驚喜。

滿滿的肉汁沾滿包裝紙與雙手和擦嘴的紙巾，這可不是基本款那些麥當勞漢堡元老做得到的場面。每每吃完，我總有點覺得，自己就像是親臨 food porn 拍攝現場吃暈了高潮了翻白眼了的亂入觀眾。

至於喝的，我會配大杯綠茶不是可樂。我的熱量已經沒有扣打再去填裝可樂。反正綠茶去油也解膩，我愛喝麥當勞綠茶這是怪僻我同意。

我知道你還是會有你的看法但我說了沒有想理你，如果你也已經看到了這裡。

從頭到尾就是只有麥當勞。不管在什麼時候，當我內心有個想吃快速又有溫度又能滿足低級歡愉的念頭發生時。

我就是要吃麥當勞。

而且我會把點到現炸的薯條當成是上天給我的一個好預兆。

Special tribute to My Dear Gloria.

那些教會我吃飯的人

那些教會我吃飯的人，是家人之外的人生禮物，是我職業生涯多年之後才體悟到的，做著餐飲工作的最大收穫。

我回想起第一次聽到所謂很「藍」的吃飯氣氛，是在《PPAPER》當菜鳥編輯的時候。當時的老闆胡至宜與現已是設計大師的馮宇開創意會議，常會有事沒事講一些外省餐廳的事情，比方選舉的時候有一家叫做「劉家小館」，門外一定會掛國旗，吃飯還要有點黨國氣息云云。我想，我是從那時候開始知道所謂台北大安區老餐廳是怎麼一回事的。什麼「樓」什麼「坊」什麼「記」的中餐館，以及在高雄時也不明白的眷村 style，真的是去了雜誌社上班，在台北開了眼界之後，才有點理解那後面的故事，以及聽懂我那些外省家庭長大的同溫層們所謂的鄉愁與消遣自己的理由。

那些教會我吃飯的人，在台北，在貓下去，也成了影響我一輩子的人。

倪桑，倪重華，2009 年開始常在貓下去請朋友吃飯，也時常會約我去他愛的餐廳吃飯。我記得是 2010 年，他約我去了當時紅透半邊天的烤鴨餐廳「宋廚」。我第一次覺得很有榮幸能跟小時候的偶像同桌吃飯，而且還是去這種我根本不得其門而入的知名中餐館。後來在 2024 年他又約我去一次，兩個人才驚覺時光飛逝，他自己也已經超過十年沒走進這家訂位規矩可是頗拿翹的老館子。記憶所及，還有一次與倪桑相約看紀錄片，結束後去西門町一家老牌福州餐館午餐，同席的還有林強與韓良露。而就在我偷跑去買單，被倪桑發現後，他有點嚴肅的說了一句：「這邊怎麼輪得到你買單呢？」那當下我是真的有被教育到——身為後輩搶買單是一定要，但場合、時機點還有是誰約的飯局，都需要再拿捏點。倪桑在中國網路上有篇撰文，寫他在九〇年代如何結識崔健與竇唯等等當代搖滾名人。也因為他很會「招呼大家一塊兒吃個飯」，他後來在北京的綽號也就叫做「吃個飯」。我就是跟著倪哥（我比較常這樣叫他）一同在台北到處吃個飯、在他家蹭個飯，逐漸變得像是家人一樣的關係了。

舒國治，舒哥，從開始光顧貓下去，便非常關愛我這南部上來開小餐廳的餐飲青年。和倪哥一樣，他也時不時會約我去別的餐廳串串門子，認識不同的人與特別的台北文化場景。看過他寫「秀蘭小館」，直到後來跟著他上門，才知道這隱身永康街區裡頭的小情調，那些江浙小菜，是這個味，是這樣吃。舒哥教會我最屌的一件事情關於吃飯，是我有幸參與了他在 2010 年於大直實踐校區那場只有十桌的婚宴派對。是的，派對。他與夫人麗玲姊，找了台東的原住民廚師來當總鋪師，安排了如傳統戶外流水席般的簡單布置，他的文化圈好友們則輪番上台致詞與演出。席間，賓客用台灣啤酒的小杯子喝著香檳與加州葡萄佳釀，敘舊也歡笑，氣氛熱絡宛如電影場景。當晚我被馮光遠，馮哥，拉著去與他幾個好哥們共飲閒聊，所以才有「我真的有在大導演李安面前喝醉過」這般軼事記注在我的人生故事中。舒哥也出演過楊德昌導演的幾部電影，我有時會向他請益那個時代背景，和電影背後的真實台北物語。不只是建國中學旁泉州街的「林家乾麵」，汀州路的「康樂意小吃」也是他約著我，在我早上去市場買完菜之後，一起去品嚐的一種「原來上海小吃是這樣的」老派滋味。

馮光遠，馮哥，從我還在雜誌社當小文案的時候就是傳奇人物。除了「給我報報」專欄，還有當時與漫畫家蔡虫合作、在壹週刊連載的「家庭性辭典」，都是我心中很 cult 的「根本亂來」。運氣使然，也可能因為他和倪哥和舒哥和許多當時成為貓下去常客的藝文人士皆熟，自 2009 年開始，我時不時會被約著上他家——一個被各類書籍與唱片所塞滿的「沙龍」——與他包羅萬象不同年紀的文學媒體或建築或藝術圈的朋友們，一同飲酒，也吃吃他的家常小菜。舒哥與馮哥早在上個世紀的紐約就相識了，所以在那個沙龍裡，還留有一張所謂「舒國治在紐約專用的椅子」。舒國治先生本人則說，馮光遠的家，就是他在台北的「夜店」。關於這一點我完全可以附議。在貓下去剛開的早些年，我是真的跟著舒哥去了幾次近乎沒有體力問題的夜遊，踩遍可以聽黑膠喝紅酒聊天的「文青夜點」，最後去到馮哥位在大安森林公園附近的公寓續攤。

面對暱稱「貓下去三老」的每次邀約，我幾乎不曾說不。也多虧有這幾位哥，

讓我成了一個，懂得吃飯情調的台北後輩。

馮哥最愛說他幫王宣一女士訂過貓下去的位置，在那些年我們正紅起來的時候。她是服裝設計師詹朴的媽媽，後來我們成為了好朋友。王宣一與詹宏志曾一起在某個中午來貓下去吃義大利麵，之後，藉著《商業周刊》的專欄，送給我們一個「有靈魂的小餐館」稱號。在貓下去剛開幕的那一年，對我們這群又愛吃又愛做義大利麵的小伙子來說，是很大的鼓舞與感動。也因著與詹朴的難得友情，在讀過《國宴與家宴》後，竟真有機會去到詹家品嚐了著名的家宴——也不只是著名的紅燒牛肉佐蛋包飯，還有一些中西合併的「宣一宴」菜式與經典炸卜肉。

多年的美食家好友高琹雯 Liz，是我極少數的美食圈友人。她自從決定當個美食家之後，就很常來到徐州路貓下去吃飯，成為我的客人甚至我的朋友。這些年，我們偶爾會交換對國際與台灣餐飲產業的想法，也一起見證了整個餐飲時代的改變。她與丈夫 Tim 是從貓下去開始約會的，是我親自當過助攻手的一對貓下去佳偶。我們還是會偶爾聊起那一個晚上，Liz 與父親一起來徐州路吃飯，高先生 Gorden 一時興起，踩著椅子，在我當時出菜口的黑板寫下那句後來常掛在我嘴邊的法國俚語：「沒有酒的一餐，就像沒有太陽的一天。」那真的是很棒的一個禮物，對我影響很深，比他後來送了我一瓶只捨得喝一點點的波爾多白馬堡紅酒還要珍貴。

同樣從常客變成好友的孫瑞婷與陳夏綠，從貓下去的吃吃喝喝，到邀請我去了家宴，幫廚也幫吃，應該可以算是一輩子難尋的台北交情了。我這些年所有的高級餐廳預約困難店，幾乎都是托她們兩位的福而得以跟上體驗食物之美（與價錢之貴）。品嚐美食，享受生活，這兩位的涉獵範圍包括國內外餐廳與酒吧，是真正的餐友、酒友，也是情報交換的貓下去姊妹淘（是的我的姊妹淘）。

「順天堂」的謝大哥與「海霸王」的謝大姊，是帶著我認識了「好小子海鮮店」的貴人。這緣起於姊弟們與好小子創店老闆阿峰的情誼，當時他們不過是想要介紹我給準備接班的小老闆阿亨認識，學習相長，但沒想到我這一吃就吃了十幾年，看了整個父子接班過程，也看了林森北的輝煌起落。這家位處風化地段外圍的海產餐廳，嚴然成了我在台北的私人避風港。

貓下去的許許多多客人，讓我見識了如何設宴與邀約，如何安排食物與飲酒，如何掌握氣氛，藉著對於相聚吃喝的熱衷與熱愛，一種真正的「懂吃飯」。那是有別於餐飲學校的實地見習，可能是從先點酒或先點菜就知道來歷的以貌取人，也可能是從點酒就知曉品味的當下立判；吃飯的禮儀，使用餐具的動作，聊天的內容，以及是不是有準備一副好胃口——來餐廳的好胃口，讓一同吃飯與服務吃飯的人都盡興。這些都是我在後來才領悟的——是的，當我自己去到各餐廳場景裡，也逐漸變成一個我自己都認可的，懂得吃飯的人了。

那些教會我吃飯的人，也及我的台北最棒互助團體「斷片 DP 兄弟會」每月聚餐，酒商「泰德利」老闆邱偉恩舉行的酒會，傳奇「都蘭山酒莊」創辦人陳立元大哥於自宅舉行的品酒與茶會，這些我愛也不會說不的局，都是酒喝不盡興，飯局就不美麗的深刻體驗。還有這十幾年前前後後許許多多員工夥伴，一次又一次的各種餐聚，因為有這些人，才讓我有機會以老闆的身分來設宴款待，在每天每晚的，貓下去。

那些教會我吃飯的人，在這本書裡頭外頭無處不在。其中包含我人生中的兩個叫做 Peter 的人，一個是我的爸爸，一個是我的叔叔；包含自小帶著我到處遊玩的三個姑姑，當然也有我在高雄的媽媽，以及我在台北的媽媽——喝酒老相好林費拉手藝精湛的媽媽。

家宴始終是最重要的感情所在地。

家裡的餐桌永遠是我的夢裡鄉愁，那是我所有懂吃飯的過去與現在。

而我也在這男人四十的此時此刻，過著可以稱之為老派生活，成了開始相約別人吃飯的人。

可能也成了一個，可以教會別人怎麼愛上吃飯的人。

Chapter Five

回家吃飯

Come home and eat

好吃的東西，我都會先想到妳

好吃的東西，我都會先想到妳。

我會先拍照，調光與對比，再傳給妳。

我總是會說，下次我們一起來。一直是。

好吃的東西，比方草莓聖代，我在一家餐廳，看著它，還是先想到了妳。是有點娘娘腔，不確定妳會不會愛，但是妳，我知道，反正不會來，所以我決定就盡量說，想讓妳知道，這討喜到不行的東西，是少女心，是受歡迎，是沒有年紀限制的問題。

LOVE STORY
NEW PHOTOGRAPHY OF LOVE AND INTIMACY

反正我覺得妳會愛，就這樣，可以嗎？

好吃的東西，不論在哪裡，我都會先想到妳。

就像今天，我點了一杯咖啡，在一家咖啡店，有一塊好吃的蛋糕，與一本好看的書。

我想著我就繼續打字給妳，無聲的點點螢幕，然後繼續拍照給妳，說：

嗨，哈囉__妳今天，還好嗎？

給自己做菜

回想起來，從二十五歲開始，我養成了給自己做菜的習慣。

一開始是為了練習。看旅遊生活頻道，看食譜書，看村上春樹，想像一個人的生活也可以有點儀式感，想會做更多的菜，比方義大利麵與三明治，比方炸豬排與烤牛排，比方一盤簡單的沙拉，尼斯沙拉，凱薩沙拉，或是王家衛電影《重慶森林》裡面永遠都不知道到底是什麼雜碎做成的主廚沙拉。

大部分時候是早餐和午餐，有時候是晚餐。那是獨處時候自然而然就想去做的，想做菜給自己吃。然後想像有人會在某天，加入這個生活儀式，浪漫的天真的以為，是一種美好，是愛情，是家庭，或許。

一個人做菜，然後拍照分享，是可以很有存在感，也很沒有門檻的行為模式，撫慰了同溫層的眼睛與腦袋。我覺得挺有趣。過了這麼多年，社群變化如此劇烈，但在自己的地方做菜給自己吃，好像還是很棒很酷很有質感的一件事。

煎個蛋總是很簡單的，各種蛋，水煮蛋也是，幾乎時常或隨時，都能出現在我的盤子裡。如果有沙拉葉就弄成適口大小，灑鹽淋橄欖油，加水果或是熱一點培根火腿，搭配烤麵包或煎吐司，都很棒。比任何餐廳的超大份早午餐，都能適當的餵飽自己也吃得輕鬆愉快。咖啡來一杯，或是配冰水，爽快得很。如果還有一些花椰菜和玉米，或綠色的番茄，或聖女番茄，滋味就會好到不行，也能補足一整天的蔬菜。

煎兩顆荷包蛋擺上起司片讓它自然融化，我最近也特愛這樣吃。很隨意，很美味。配白飯淋醬油與綠山葵，就變成一種自得其樂的早午餐或下午茶。

三十歲前的我，不管在高雄還是台北的住家，都維持著可以烹飪各種食物的廚房規格。自從 2009 年開始了貓下去，我就沒住過有廚房的房子了。也忙，根本沒時間待在家做菜。所以十幾年過去，我都在餐廳營業之外的時間，做菜給自己或朋友吃。有時候是需要試菜，有時候是苦中作樂，更多時候是職業病使然，常常看到什麼可以組合的食材，就會順手拿來做點什麼吃吃看。

但餐廳生活讓我其實有一陣子很難正常吃飯。飲食不正常，好像少了那麼一點生活中的淺薄樂趣。疫情這兩年，我又開始會在早上工作前，走進餐廳的大廚房，問問大家有沒有什麼修整下來的邊料，比方菜心，或是偷一點大家正在製備的食材。大致上都是可以很快完成的食物，比方熱一只夠大的鍋和橄欖油，少許奶油灑點鹽巴，然後丟進手上有的蔬菜，比方櫛瓜或是玉米筍，翻兩下再把整支鍋子塞進烤箱，讓它們在裡頭熟透，就行了。蛋是必要的，剛剛說過了。可以直接煎，可以打散煎，我不喜歡炒，但可以加進剛剛那鍋烤蔬菜，變成大份熱蛋餅，或攪散變成蛋香蔬菜，也都很好。

削兩顆柳橙切點蘋果，就是一餐。如果如果，廚師們正烤好要給烤雞當配菜的栗子南瓜，我就會抓一點來當作澱粉，取代麵包。聽起來似乎吃得過分健康，好像有點無聊，但如果你知道這是我一個四十大叔維持體態與腹肌的飲食模式，我想你也會好好思考，是不是在運動後與工作前的第一餐就把蔬菜吃夠，剩下的時間就可以吃得比較自由也豐富？

當然前提是要給自己做菜，才能決定要吃的東西都吃得到。這也是我多年餐廳工作到現在的飲食習慣，有點當老闆的任性，也是維持我生活狀態很重要的一部分。

在到處都有各種食物可以買來填肚子的台北，我後來還是覺得自己動手做給自己吃，是最有感覺的一種自我對話。和平常的馬路長跑有一樣的效果。偶爾偶爾，想起一些很久沒使用的烹飪技能，或是突然想到還有菜可以這樣做，也時常做著做著，就開始分享給現場工作的廚師們一起吃了起來。

比方用大量焦化奶油與大蒜和酸豆去油淋一片魚菲力，在貓下去不做西餐之後，我們就沒在使用這種烹飪技法了。但老實說，真的，沒有什麼比吸滿了褐色奶油那滿滿焦糖香氣的魚肉，更吸引人更好吃的東西了。我在某天早上，順手從水檯廚師那裡拿了片剛殺好的鱸魚，就這麼煎了它，最後擠上綠檸檬，灑上切碎的九層塔，嗯，瞬間很多回憶湧上心頭。配上烤過的裸麥麵包，沾著盤子裡又酸又香又鹹的奶油醬汁，真的還是，能回味西餐烹飪帶來的許多美好。

美好這字眼很矯情，但我實在是，想不到更好的形容詞了。

給自己做菜，其實也充滿了想給其他人做菜的渴望。

當然我也曾在四下無人的時候好好給自己做了一塊肥美的牛排，但說真的，就算配上再好的紅酒，在那當下，那桌上，那心情，就是明明白白的知道，還是要有人一起分享這樣的好東西，才有那樣發自內心的，真正美味。

P.S. 給自己做菜，我的初衷，都是從讀了村上春樹的小說開始的。

（撰寫於疫情趨緩後的 2022 年。）

關於烤雞，
我要說的其實是

每一個人，男男女女老老少少，都應該花點時間，學會烤一隻真正好吃的雞。

一隻外皮真的酥脆、肉嫩又多汁的烤雞。不是你走進好市多就買得到的那種。

花時間學烤雞，比花時間練習和 AI 說話來得容易，無傷智商，或許，也比較像個人該做的事。你頂多只會搞得滿手油膩，但你不會因為亂問問題而搞得自己像個白痴或自以為聰明實則被抓到作弊。

一個好手好腳、有點智慧，懂得自我解嘲發揮黑色幽默的人，應該都很容易學會烤雞。

每年十一月開始，都是適合學烤雞的好日子。你有許多節日可以吆喝一群人大啖烤雞，感恩節聖誕節跨年再來是農曆年，甚至可以開始預備隔一年的西洋情人節烤隻好吃的雞，即使你根本還沒找到要和你交往的對象。

學會烤雞，基本上你就學會尊重動物以及食物。你會知道食物原來是動物，你會明白尊重食材不能浪費是什麼緣故。你會在面對那隻全身無毛表情冰冷的小雞好好的躺在你廚房流理台的當下，明瞭這一切。

扣除掉面對屍體的部分，你會明白原來雞腿不是天生就是雞腿的樣子；扣除掉剁雞頭綁雞腳那些雞飛狗跳的部分，你會發現雞胸原來應該要很好吃而不是像風乾的橡皮擦。

要知道一家人是不是懂得美食，問他們怎麼吃烤雞；要戳破一個美食家是不是話唬爛居多，叫他做烤雞；要考驗一個廚師值不值得信賴，看他怎麼處理烤雞就知道了。

學會烤雞當然好處多多。

你可以週末當早午餐吃，野餐的時候夾麵包吃，生日的時候做給滿桌朋友吃，更可以逢年過節就端出來秀一下手藝孝敬／嚇嚇家裡那些平常不怎吃西餐的一家老小。

如果每個人從小就開始學習如何烤好一隻雞，這個社會肯定會更和諧更友善更有文化更不會有人想要去虐待小動物。如果每個人從小就知道怎麼享用一隻烤雞，肯定會少掉很多吵著吃雞排吃雞塊吃肯德基吃麥當勞的小胖子。

所以我說，一個獨處的人要學會烤雞；一個有家庭的人要學會烤雞；一個希望享受愛情與友情的人，更要學會烤雞。

想像陽光燦爛的假日早午餐時刻，你端出一大盤吸滿雞汁的烤蔬菜，還有一隻烤得相當不錯的全雞，大夥就著餐桌，開上一瓶義大利紅酒或蘋果氣泡酒，信手拈來有麵包有醃橄欖有水果，就算你說的笑話有夠難笑，大家應該都還是會稍微捧場面露／偽裝心滿意足的表情。

是吧？鼓勵自己去做這件聽起來美好到不行但一直沒有成真的事情吧！

而且絕對要堅定。

因為這不過就是，搞定一隻小雞雞的事情如此而已。

｜關於烤雞，你要知道的是｜

烤雞的食譜五花八門，其實沒有誰的食譜比較對或是誰的烤雞真正好吃到不像是地球食物。有的會泡濃鹽水，有的會在雞的肚子裡塞入填料，有的是在皮下塞入香料奶油，還有一種是在雞皮插上香草並且從屁股塞入一顆柳橙⋯⋯（曾經的傑米．奧利佛說他是喜歡這樣烤火雞的啦）。

在我工作的地方，時常會練習美國名廚托馬斯．凱勒最基礎的烤雞做法，你只需要把雞風乾、綁好、灑鹽調味，然後烘烤。聽起來簡單，但其實這是培養正確烹飪知識的一個過程。一隻好吃的烤雞，必須在適當的時間內將雞皮烤脆、雞肉烤到剛好熟又多汁，這考驗操作的人如何將雞隻的水分處理得夠乾且鹽抹得均勻。一旦抓住要領，45 分鐘就可以將這道經典主菜搞定上桌。

首先，你要去肉品市場買最適合烘烤的雞，3 台斤的關山土雞或是台中鹿野的黃皮嫩雞都是好選擇，而且母雞會比公雞好。請肉販為你去掉頭頸和雞腳（這樣比較省事，但我更建議你回家自己取下來熬湯），回家後只要將雞清洗乾淨、瀝乾，放在通風處或冰箱裡讓空氣把雞風乾。如果可以，烘烤前讓雞維持在室溫條件，就算冰過也不要太低溫，這樣烤出來的雞熟度比較對。

你得要有一個夠大到可以放進整隻雞的溫控烤箱，在烘烤前先開到最高溫，預熱 20 分鐘。

在雞隻內裡灑上鹽和胡椒調味，然後開始綁雞。關於烤雞要怎麼綁，請上 YouTube 搜尋「Thomas Keller Roasted Chicken」，你會看到最好的示範。我們的雞其實和國外的雞長得不太一樣，但記得一個重點：只要將雞綁得像是跳水選手入水前的動作，也就是雙腿往上夾緊，肛門提高，雙翅夾緊身體，大致上就可以了。

接著在雞皮灑上大量的鹽與胡椒（要灑得像下雪那般），抹上些許切碎的百里香或迷迭香。如果你的烤箱夠大，可以切一些根莖類蔬菜（或是你認為雞也會想吃的蔬菜）擺進烤盤內，淋一點橄欖油，和雞同烤。如果烤箱很小，那麼我們就單純的烤一隻雞就好了。

不要去理會烤箱的溫度，家用烤箱就是火力全開把雞丟進去就對了。

只要烤個 45 分鐘或是 1 小時不到，你就會收穫一隻外皮酥脆、肉汁四溢的美味烤雞。再炒一些當季的菇類、豆子，烤點番茄與南瓜，或任何你喜歡吃的蔬菜，都會是很好的搭配。

這真的沒什麼訣竅，就是多練習罷了。

記得，剛烤好的雞很燙，切的時候請專心不要只想著偷吃，不然你一定會燙到或是切到自己的手！

相約吃高雄

相約吃高雄，早餐帶你吃燒餅油條太失禮，雖然文化中心附近有家餅是真的燒得還蠻可以。

相約吃高雄，我會叫你睡飽一點沒關係，不用為了吃什麼而起個大早，因為這裡已經沒有那種勞動的必須，也沒人需要天還未亮就去搶吃什麼超限量的老情調老味道。這裡不吃這一套。至少我們不需要。

吃是一種心情上的滿足，與相聚一起的必要手段，如此而已。在高雄，我們就算開著車或機車雙載，單純遊車河，看看偌大的城市建設與小丘陵壽山柴山圍繞海灣而成的微妙風景，都可以有好心情。在氣溫不高的日子裡，高雄就算曬

著太陽，風都還是涼爽的，你只要來上一次就會懂，為什麼高雄人這麼愛騎歐兜拜。真的就是騎車吹風喝飲料，興致好還能吃個什麼在那一隻手可以掌握食物另一隻手可以催油門的閒散狀態。

南部人的生活情調就是比較 chill，就是鬆，就是起個早我們乾脆先去鹽埕區的「小堤咖啡」坐一下，去看看那位我都只叫她大姊不敢稱呼為二姊的女老闆，喝一杯她那已經少見但獨具風情的喫茶屋冰咖啡或奶茶，坐在那真正老派約會之必要的店裡頭，吹一下冷氣再繼續移動。這裡也有烤吐司與煎蛋，但我們可以去吃點別的沒關係。

高雄最棒的早餐、早午餐，傳統派的，我直覺想到的都在鹽埕區。不是因為我自十來歲就在這裡混，而是移居台北也開展了自己的飲食地圖之後，每次回到高雄家鄉尋味覓食，才深刻發現原來如此，我們曾經習慣與熟悉以及忽略的那些，是台灣獨有的歷史背景造就而成的生活味道。

我開始懂了「冬粉王」的美味與雋永，認定這是高雄吃早吃午那一餐的最棒選擇。不是「阿忠米粉湯」，也不是「阿進切仔麵」，騎樓下的吃喝總讓我覺得熱。以前唸書愛吃「鴨肉珍」，後來分家分出「鴨肉本」，漸漸的，覺得單純吃鴨與喝湯，還是冬粉王那一碗最有滋味也更有層次。這地方也是豬雜碎大本營，光是研究菜單上供應的豬內臟與豬肉部位，就值得細細品味在上個世紀資源匱乏又依賴小吃生活的年代，主持著這店家的人是怎麼把一隻豬身上的林林總總，川燙與熬煮，變成一碗碗平價又能填飽大家肚子的好料。

重點是這裡有冷氣，環境大方又乾淨。這很重要，關於我要帶著你體會的高雄chill，不能為了吃而太過勞苦揮汗如雨。但，如果決定去吃「港園牛肉麵」，我就會說要坐在騎樓下的位置，才是對的事。這家一開門就得來吃的高雄在地牛肉麵，以及豬腳麵，說真的，其他城市甚至台北還找不著。這就是我心中高雄最經典的，外省麵食的在地表達。港園的口味濃郁甚至帶點黏口——不管是豬或牛的油脂在乾拌或湯麵的每一口——你都能感受到那個被一代又一代人吃成鄉愁的獨到風味。吃乾麵一定要再加上蒜泥，吸吮麵條之後再喝附上的湯，搭配灑在五福路旁小街上的日光，永遠是，故鄉高雄給我的心頭好。我很敢帶台北老饕來吃這家麵，某次我的常客倪重華一家人南下衛武營看表演，我也是帶他們來這，讓這些台北老食客吃到一個碗底朝天，欲罷不能。

至於你聽我說過很多次的，「高雄是乾麵的大本營」，沒錯，鹽埕區可以給你解答。光榮國小旁邊那家「樂咖咪」，白天可以當正餐也可以當點心。你得用台語來意會這店名才知道趣味性，這我就不多說了，但這裡的細麵拌豬油，風格獨創，幾經世代味道都沒變過，是我常說的能點大碗就不要點小碗，以免落入好吃覺得不過癮但再點一碗會很猶豫的那種窘境。至於晚上才能吃到的「大胖麵」，也是豬油拌麵，風格完全不同，店頭品味與切料的供應更是兩種檔次，如果要說有一家麵店能夠代表高雄鹽埕區的夜生活，就是這家了。這裡除了麵食，還供應各種切仔攤食物，包含豬肉與虱目魚、小卷魚蛋鯊魚煙、米粉冬粉加魚丸與餛飩，以至豆芽菜與韭菜，川燙之後拌上豬油與醬油，都格外好吃。坐在那個早上其實是阿忠米粉湯的騎樓下，點滿一桌小菜配上大碗的麵與湯，底下襯著不銹鋼開合桌，這畫面只要拍照上傳，懂的人一看就懂，你正在鹽埕區新樂街吃著旁邊還有一家妙店叫做阿男燒烤的大胖豬油乾拌麵。

關於鹽埕區還有很多好東西，拜美食節目和大港開唱耕耘多年所賜，這裡的所有老店幾乎都已被知曉並且時常是生意太好。如果一早你就想要來點海港情調，想要有點海鮮滋味入境隨俗體驗爽快，鹽埕區七賢大路上一處矮房子裡頭的「蟳市長」，就是最老派人的白天好選擇。這裡和市區的「前金廟切仔担」及五福路橋下的「愛河小吃部」，早間就開始營業也販酒，大批大批的啤酒，因應某些早上就做完事的工人階級販夫走卒，或無事要找人來點台語說的「小吃鬆喝」約談事情的社會人士聚集使用。食物美味才是經營長久之道，顧名思義這裡的招牌就是吃紅蟳，一早十點鐘，就能開嗑滿滿蟹膏蟹卵，海產粥也好吃，乾煎小卷清燙白蝦，蚵仔麵線與鳳螺與各式魚肚魚皮魚料理，都很棒，賣完就賣完了，先吃先贏。所以想吃我們就早點來，不然午餐可得和一堆穿著營造制服的哥兒們在這裡頭擠。

但我是這樣認為的，不是高雄人特愛吃海鮮，而是在高雄，就真的只有一堆海鮮餐廳可以吃。

講得出名字的高雄經典餐廳，無一不是與澎湖幫海產料理有關。「蟳之屋」、「海天下」、「海王子」是這個路線，許多觀光客去的「菜包李」總是一位難求，還有各種不及備載的海字輩海產攤，在許多人的私房口袋名單裡。高雄與台南，澎湖再到屏東東港，海鮮淵源真的是密不可分。

我們家位在北高雄，最愛的家常海產餐廳是大順路的「郭家海產」。除了盛大聚會，一般我都在這裡宴請工作夥伴與久違碰面的朋友。這家也是澎湖幫路線，但多的是烹煮得當味道鮮美又價錢合理的花蟹與三點蟹，每晚都有一大批煮熟放在海鮮檯面上，賣完就沒。因為離高鐵站不算太遠，我常說台北人就算專程坐高鐵下來吃這個蟹，保證都划算。這裡也有很多炒菜類食物、砂鍋魚頭，還有一些家常手路菜。自十全路大港保安宮廟亭那間露天快炒店結束營業後，我身為一個後火車站長大與現稱作凹子底的高雄子弟，返鄉約家人吃飯的地方，現在大概就剩這樣一家社區型在地海產餐廳了。

是不是講太多了？會嗎？還有不少噎！

吃完第一餐之後，你會被我帶去青年路喝一杯「鍾家阿里伯綠豆湯」的綠豆或紅豆沙牛奶。接著去「劉江便當創始店」帶上一塊好吃的雞（腿）排，然後我們去換了新址的「步道咖啡」坐坐，感受一下高雄文青氣息，再到高雄流行音樂中心和大港橋下的「永心浮島」或「浪際」晃晃，見識獨有的海港風景。如果你胃口還行，我們就去吃幾個只有下午傍晚才能嗑的好東西，比方大連街的雞蛋酥，當作一個甜點的結尾也可能必須要，適可而止了（笑）。

高雄的滷肉飯是我認定的台灣冠軍。我吃了整個青春期直到現在的「南豐魯肉飯本店」，一定要試試。酸菜配肉燥，肥肥的醬油紅燒五花肉與白飯，一舉起筷子，相信我，你就會停不下來。還有，六合夜市在自立路那頭入口處三角窗的無名飯菜店，位置就在有名的海產粥後面。這裡本來從早上賣到宵夜，內行人才知道的好所在，但現在只賣到傍晚八點半，一家人爸爸媽媽哥哥弟弟一起經營，我吃著吃著也吃了快三十幾年了。一定要點「雞肉飯加肉燥」，不是什麼「雞滷飯」，高雄沒這玩意兒也沒這種點法，要是誤用台北那套字正腔圓點一碗雞滷飯，你極有可能最後會得到一碗上面擺了塊焢肉的滷肉飯。

台灣

保證信譽
原子龍檳榔名店
第一品質
註冊商標
龍
經濟部中央標準局商標專用審定
標準註冊號證408695.415986

至此，光是看，有沒有感覺血糖已經飆到一個不行了？高雄小吃美食餐廳何其多，我其實，才講出了一點點小風景而已。

總之相約吃高雄，有的是機會。

最後怕大家不知道，我還是要說，高雄最好吃的還有一個奇巧的小東西，叫做檳榔。

是的，檳榔，用台語好好完整的唸出來。如果你沒問題，最後我會再給你一組名店「原子龍」的青仔檳榔，外加一杯「濃厚舖」的淡味青草茶，這樣才是，正港完整的，高雄味。

去台南找冰王

脫南居北十幾年，時常在需要自我介紹時，我都會說自己是「台南高雄人」，讓陌生人便於理解我是誰以及我的出身背景。

我是台南出生，高雄長大，從小跟著父母親兩地往返的那種常見的南部小孩。

爺爺奶奶從當時還稱作台南縣的鄉下地方，學甲鎮，八份鄉，移居至後來被我稱為阿公阿嬤家的台南市大武街奇美醫院附近一帶。父親經歷高考，到高雄港務局任職，我出生之後，週末一定會回台南的老家，去給爸爸的爸爸媽媽看看玩玩這個家裡頭的第一個孫子。當時家裡還有三個姑姑未論及嫁娶，於是所以，我自小也就跟著姑姑們開始熟悉台南市區裡一些好玩好吃、在地或洋派日系的，小情小調。直到成年，自己有了移動兩地的能力與就讀餐飲學校之後，藉著與同儕朋友們的互動，才算慢慢開始去探索所謂台南小吃與街巷之間的老屋風情。

台南對我來說一直是「老」的同義詞。從青春期開始，我常會回去挖出姑姑叔叔與爸爸年輕時的老衣老褲，與家中的各種老物，以及去發掘真正的老店與老味道。老派的生活之於台南的獨具風情，充滿歷史的老街道與老社區，包含南門路五妃街與孔廟再到赤崁樓附近的小吃，還有曾經叫做「二空」的老屋軍眷宿舍改成的特別酒吧。依循著幼時被父母親帶著吃的某些食物，也和姑姑叔叔聊他們的飲食地圖，慢慢畫出某些不算太清晰的我的台南飲食輪廓。

就像是，阿嬤曾經在開山路經營一家小小的雜貨五金行與涼水攤，隔壁緊鄰著當時候還未太過有名的「小南老蘇雞腿排骨便當」創始店，所以我對這種帶著甜味又鹹香的炸雞排骨味道，可是從小就熟悉得不得了。類似的小吃，也包含姑姑們吃習慣的炒鱔魚、烤鴨店，延平市場裡面的冰店與水果攤，爸爸媽媽愛吃的蝦仁肉圓，還有做營造業的叔叔只要有從台北回台南，都一定會去買來給大家吃的「旗哥牛肉湯」。

但要問我這個台南高雄人最愛吃台南的什麼，還真說不上來。「早餐要喝牛肉湯」，雖然這句話後來幾乎成為台南人生活的代名詞，其實我自小都是跟著爺爺去外省早餐店吃燒油條配米漿豆漿，所以喝牛肉湯這件事，對我們家來說，真的是這二十幾年才開始出現的「宵夜」食物。

台南印象，對我而言，在離開高雄定居台北，爺爺奶奶也離開之後，成了一種愈來愈模糊的存在與遙望。

這些年我很少在台南過夜了。常是自高雄開車到台南晃晃，探看姑姑與回家拜拜，至於其他，就真的只是一種，「去台南找冰王」的行程。

叫他冰王是略帶消遣，但如果你有到過台南，去過正興街，看過排過也吃過那 one and only 的「蜷尾家」霜淇淋，我想大概也能懂，我叫這老闆冰王也還算有憑有據合情合理。欸，他做冰淇淋這件事是跟你玩真的。從義大利習藝改造的霜淇淋到製作真格的 gelato，從正興街一家小店到安平的偌大空間，從機器到原料到配料每個食材的選用，他帶領的團隊做出來的冰，就是讓你一吃下去就知道這甜度與滋味都只有台南這裡才有的既在地又國際，既可愛討喜又具深度富創意，成為我現在去到台南的重要理由。不只吃冰，還有與冰王相聚。有時也會約著到處探點，吃一些怪奇趣味的新舊小吃。

認識冰王與觀察多年，我發現他有個特異功能是交朋友。冰王本人幾乎就是台南導遊的代名詞。在我偶然遇見的台北人裡頭，只要與他有交情的，肯定都會學著那種南部才有的國語調調說出「啊後來光頭又帶著我們去了哪裡哪裡」。是的，他綽號光頭，身形也圓大，福相的外表與時常國台語交雜的聊天方式，深得人緣。而且就和做冰一樣，他做人交友，也是玩真的。五湖四海，用來形容他的交友廣闊，完全可行。我這十年來靠著他的嚮導，不只是重新，應該說是更深入的，去認識了我好像重來都沒知道過的台南與周遭鄉區的吃喝場景。

他帶我去「大台南觀光城」這歷史遺跡吃泡麵和熱狗，他帶我認識了 Bar TCRC 與其延伸的每個人事物景。他引薦了 Paripari apt. 的小又、阿佐與查理給我認識，才有貓下去與本事空間製作所的合作，咖啡也交由 St.1 Cafe' 供應。他帶我喝過了一家又一家的紅茶涼水冰，但其實我根本都記不得哪家是哪家；他介紹了台南一些專售日本雜貨與古物的店家，讓我開了眼界。更多的是他總愛帶我去探店，老店和怪店，吃的和喝的，比方位在中華路的閹割羊肉專賣店、海安路旁的蝦仁飯、國華街的路邊烤肉攤，與我完全不理解到底在吃什麼的素食鹹酥雞以及，我大概有二十年沒踏入的「小北夜市」與賣著經典平價牛肉鍋的「榮吉炒牛肉專賣店」。

可能我們有著同樣一款台南小孩的「味」，說話與吃飯之間散發的，一種南部小孩才會有的用台語講是「氣口」。他知道可以先帶我去鹿耳門鄭成功登陸地看完海邊風景，接著去一家導航定位看起在海裡，叫做「媽煮妙」的鐵皮餐廳。那所在地之詭異，我只能說是比在地更在地。餐廳立在一處停滿舢舨的小港邊，你得先駛過很長很長又彎又繞的海線小路，才會到達這猶如鍾孟宏早期電影會出現的荒涼之地。裡面吃什麼呢？廢話當然是海鮮。也及小炒、飯菜，還有你得自己跟著老闆去看才知道的「今天有什麼」，包含沙公沙母這種大型蟳蟹，還有現撈的海貨河鮮什麼的我已沒有印象。但那個地點你只要去過一次，就一輩子難忘。一邊吃著好料，一邊聽隔壁包廂有點年紀的哥姐唱卡拉 OK，氣氛溫馨又獵奇，我總說，你們得自己去體驗看看，才知道有這媽煮的，有多妙！

今年可能因為光頭換了新車，我那偶爾的台南行程，多了不少海線「下鄉之旅」，包含台灣最西邊的國聖港燈塔，兩個男人還一起去到別稱「七股大沙漠」走了一段像是末日的場景。也專程去了有「蚵學園區」之稱的蘆竹溝，在一家叫做「AMIS 海邊坐坐覓食」的小店，吃了一大份的炸虱目魚漢堡當早餐。更瘋的是，某一個豔陽天，我倆乘車去了曬烏魚子與蝦乾聞名的青鯤鯓漁港，日正當中的時刻，我們兩個憨頭說要接地氣，於是就坐在幾乎可以把人烤乾的鐵皮屋內，嗑了一堆蚵嗲與炸虱目魚背骨等現炸魚鮮。現場雖有電扇伺候，但我們揮汗的程度對比堅毅的決心，我想，應該有收獲這家「古早味蚵嗲」年輕老闆的好聲對待與眼神讚許。

冰王光頭，全名李豫，說了這麼多光怪陸離，也只是要說明我這些年為何如此珍惜他願意與我為友的這段關係。那明顯家教有方，人也大方，熟黯社會世故也懂得經商甚至享樂的個性，是我時常觀察互動與學習的對象。還有他不用明說的好品味——包含他在冰淇淋店展示的藝術收藏、麵包店所用的家具裝潢再到手上有的機車與汽車。與他做朋友，讓我的台南，在四十歲之後有了原生背景之外的明確理由。去台南找冰王，也成了這陣子我在台北遇見共同好友時，每每茶餘飯後的說好約定。

因為，只要到了台南，只要有光頭，只要默契夠時間對，大夥與他相遇，肯定都是有吃有喝，有說有笑，有白天有黑夜，能喝咖啡也能一起去串酒吧。

是吧，光頭。

看到這裡你也要記得，說好要去吃那間上次沒吃到的「老李螺肉大王」喔！

老派 City Boy
也有相約野營吃喝
之必要

經過六小時又三十分鐘的翻山越嶺，「原本應該只是登山步道健行」的長途跋涉，一回到溫馨的露營區，我們就像是戰爭片裡頭結束漫漫行軍的美國大兵，開起了冰涼的啤酒，邊喝邊讚嘆自己的體力與耐力，甚至是——我根本用喊的——一連串活著真好的幼稚歡呼。

同時驚嘆於溜進喉嚨的每一口啤酒都是如此酣暢無比。

各種文字都不足以形容，那瞬間治癒疲憊與入喉之後的直達脾胃，是一個喝到腦門放空癱坐地上變成阿呆我都願意的狀態在那個當下。

嚴格來說，這是一趟因走錯路而意外展開的越級登山之旅。在著名的新竹縣尖石鄉北得拉曼山，我們大部分時間是走在連 Garmin 手錶都沒有路線資訊的巨木山林與制高的陵線上。各種路況不斷，有時得攀爬樹根與拉繩才能往上前進，如果沒有那些登山前人留下的「布條」為我們提供方向，指引「希望」，我想我們中途就會知難而返，看不到那些美麗又奇幻，猶如電影《阿凡達》裡的大片神木樹林與無邊無際的雲頂風景。

付出的代價則是大小腿與腳底板，甚至是手掌心與手臂，都感覺到氣力放盡——我想應該大家都一樣吧！所以，洗去風塵僕僕的全身疲累之後，大夥就搬出想望了整天的道具與食物，圍坐在營火旁，開始為飢腸轆轆的彼此，準備各種可能算是家常但美味與溫度兼具的野營料理。

一人有一張椅子，是露營非常重要的一件事。每一個人都會肩負一個任務，則是無需明說但必要的配置與默契。在肉商工作的寶吉坐在椅子上，用爆焱爐和一只黑鐵鍋開始煎他的牛橫隔膜。沒有什麼比煎牛排或牛肉更催人食慾的在這當下。沒一下子，大家就開始分切與分食，完全不管熟度與這是哪個部位的肉。另一邊的小春攤開他的爐具桌，開始切洋蔥，準備煮一鍋洋蔥雞湯。我喝著蹭來的啤酒，拿出一罐廉價的魚子醬與美乃滋還有奶油餐包，開始製作簡單好分食的一口三明治。大家圍坐在三個不同焚火台組成的營火區，各自放鬆，或處理柴火，或處理自己的與分食來的，愈來愈精彩的各式食物。

律師夫妻端來一盤剛煮好的剝皮辣椒水餃，據說是知名餃子迷都知道的好東西。我顧不得飲食控制也來了一顆直接放進嘴裡，那瞬間的既燙又爽，肉餡與汁液，咀嚼帶動吞嚥，令人開心得不得了。夜色逐漸降臨，我接手了寶吉煎完牛肉的鍋子，趁著裡頭還有牛油焦香，直接倒進從貓下去帶來，想做成拌麵的紅燒牛筋肉與湯，煮一鍋速成的紅燒牛肉湯先給大家（算是一種餐廳老闆的作弊）。接下來就是真功夫了。爐火開到最大，我直接把四片維力蒸煮麵放進牛肉湯裡頭煮，讓麵條煮軟煮 Q 也吸滿湯汁。隨著筷子持續拌煮三分鐘，類似古老的義大利麵一鍋到底煮法，那鍋子裡只剩下麵與肉和濃稠醬汁。

這有點炫技的牛肉拌麵當然，迅雷不及掩耳的，一下子就被吃個精光。身為野炊菜雞如我，在這個既作弊又有點求表現的拌麵獲得好評之後，覺得自己總算有點貢獻，消除了一點蹭啤酒喝的「露營蟑螂」感。

隔壁搭了大型帳篷的 Kevin 一家，此時讓三個孩子裡的老大端來了煎櫛瓜與鮭魚；黃 Fu 雙腳貼滿運動貼布，坐在椅子上一邊享受著食物一邊添材焚火，維持大家的「露營感」。小春則開始煎他招牌的日式漢堡排與自製咖哩醬，搭配焚火台上架著保溫隨時可以開吃的洋蔥雞湯，沒等到盒裝飯熱透，我們大家早就吃到一個碗底朝天，顧不得這等美味的漢堡咖哩有沒有配上一碗白飯同食。律師夫妻此時又端出一鍋胡椒鴨肉湯，真是誇張，不只因為湯頭好，裡頭還煮了一整隻分切好的鴨，湯勺一撈竟然還撈到一堆魚餃火鍋料，我笑著說這根本比在家裡還享受！

大家很快就吃飽飽，圍著營火開始喝酒閒聊，點播音樂點燃雪茄與香菸。我從未見過的露營夜景在眼前鋪陳開來，有火光也有歡笑，有大片星空在每一次的抬頭眺望。

我很慶幸自己沒有因抗拒陌生活動而隨便找理由拒絕，在接到凹豆前輩 Rez 開始約我登山健行的時候——我其實什麼裝備都沒有，就只有一雙 NIKE 戶外鞋與台語說的憨膽而已。當然我也會開玩笑，說這些登山古道各種崎嶇根本玩命，有時早已超出我認知的安全範圍。所以真的是冒險。在一片又一片對我來說極為陌生的山林與石頭與植物與各種動物所組成的原始景緻裡。

但真的就是那一句，當我開始跑步之後常說的，「風景是留給有勇氣的人去欣賞的」。

這一天，我們大半時間走在山陵上，後來才知道那根本不是常人走的路！當好不容易登頂，遠眺整個山谷與山嵐的壯麗，我想，這就是走錯路所帶來的絕佳收穫。而這一夜的我，暫時遠離城市與餐廳，回歸成為一個單純想做菜，想與人分享，也樂在其中的人。

伴隨著笑聲，每個小小焚火台裡的篝火持續燃燒，時間沒有了單位，直覺成了唯一的行為指南。大家又覺得餓了，想要更多滿足，便繼續拿出更多食物來為彼此製造歡樂。我將剩餘的魚子醬與美乃滋做成沾醬，給大家配著多力多滋玉米片解饞；小春繼續煎漢堡排，但這次每塊肉上多加了一片融化的起司；Rez 拿出了有蓋的鑄鐵鍋、皮塔餅、切片火腿、番茄麵醬與起司絲，說要做個丟進火堆裡頭就能完成的鍋烤披薩。我們吃著說著笑著喝著，逐漸進入一種——是的，伴隨著酒精與上升的血糖——一種肚飽眼皮鬆，像是傳染病緩緩瀰漫開來的彌留狀態。

整晚持續小口喝著傑克丹尼爾的我，直視著難得的開心，在這個我未曾經歷過的溫馨氣氛裡。倦意伴隨霧氣瀰漫的夜色襲來。我瞇著眼睛，帶著酒意，告別營火，鑽入那張小小的帳篷與睡袋。

我可能會想起低迷又需要希望的過去與現在，我也依然感覺寂寞如影隨形，但我想像日子繼續如果有人可以，這樣陪伴與說笑、扶持與解憂，為生活帶來冒險與滿足，那就可能會是非常美好，值得感激甚至感動的，人生要事了吧。

而老派的，與一群中年城市男孩們的野營，在半夢半醒間，我似乎也聽見了不遠處傳來的，久違的打呼鼾聲。

想像有妳，逛市場買菜

清晨去了菜市場，就是家裡附近那個。其實沒有目的，我只是單純太早起，單純不想待在家裡，想要找點食物填滿自己。

早上的市場還沒有雨，我騎著單車，緩緩晃著，想著妳可能正要出門。我想著如果要買早餐給妳，今天吃什麼，妳才會覺得開心。

看著掛滿油雞與燻鵝的攤子，我想起妳可能愛吃的滷筍絲。旁邊那些還冒著熱氣的紅燒滷味和豬腳，可以幫妳帶個中午的便當。我們好像都沒有聊過一起逛菜市場這件事，都只有逛超市。好像也都沒有聊過妳的媽媽和我的媽媽，怎麼逛市場買菜還有喜愛煮什麼菜？好像是都只有，聊我可以煮什麼給妳吃，而忘記妳可能有一些從小就愛吃的菜，也說不定。

看著菜市場裡頭的豬肉販，把一條又一條的大塊肉擺到案上，我倒是很想知道，妳從小會愛吃哪個部位的肉做成的菜。是一條燒軟的五花肉配飯菜？還是用絞肉與黑瓜，做個蒸肉來配白飯？

我會想學做那些菜，如果真有時間與機會，我會想知道什麼樣的調味是妳從小就愛。我會想要如法泡製，如果可以，然後或許，也寫到書裡。關於某個家常菜，關於餐桌的記憶，關於只有我和妳，從逛菜市場開始的一些生活瑣事吉光片羽。

也有可能是妳逛到了手工醃的酸白菜，要我再煮一次酸菜白肉鍋，都沒問題。

我想像我們可以好好坐在一起，在不用工作的午餐或晚餐時間裡。有廚房的溫度有家的燈光有我們都需要的舒適，有簡簡單單的布置、裝飾，以及剛好成對的餐具與杯子。可能會再多一點點。我們也可以找人來家裡開個小小的吃飯派對，歡聚一起。

好久沒有想起這些事情了。老實說，有點意外，在今天早晨，一個人的城市裡。還有點倦，但慢慢逛菜市場，想起了一些我的小時候，一些自己煮飯的時候，一些還有人陪伴、還有人一起起床一起生活一起給彼此問候的那些，看起來像是已經無法重頭來過的白日夢。不知道妳是否記得我很喜歡台北菜市場都會出現的現成冬粉還有熱油飯。這是南部的市場看不太到的。但買來當早午餐，是個好選擇，我一直這樣認為。

在休假的週末或任何時候，想像可以一起走在菜市場，手裡提著帆布袋還有一堆塑膠袋，裝著蔬菜、水果、海鮮，與肉。如果雨天，我會想煮雞湯，用一點薑與酒，一點冬菜與香菇；如果晴天，我會想川燙綠色的葉菜，燒一盤大蛤，配一碗中式白麵線或西式寬麵條。我想妳應該，都會愛。

再削個梨子或是芭樂，火龍果也好，感覺會應景。任何天氣裡頭的小餐桌，大白天的，有溫度有滿足，有鹹甜交錯有開始有收尾，我覺得這樣很可以。

但今天一切都沒有發生。就像妳知道的。我因為職業關係，喜愛跟賣菜賣肉的老闆阿姨大姐寒暄問候，詢價買辦，但今天我其實什麼都沒買，只是單純的想要，想念，去逛，去消除寂寞，藉由曾經熟悉的氣味——那個總是濕濕的、油油的、空氣中總是有國台語交雜的那種生生的但又帶了點溫馨溫暖與溫度的，人的氣味。

那就是我想念的，以及有人可以一起做菜吃飯的念頭。

既老派又必要。

為妳下廚。為我們下廚。為了約好了要吃飯，於是去，逛市場買菜。

有要回家
吃飯嗎

年紀愈大，愈覺老之後，我是愈來愈喜歡回到家裡吃飯。

我說的是高雄那個老家。我說的是我爸媽的主場，是那個，有著小巧的餐桌與廚房而且時常都有東西可以吃的叫做家的地方。

最近感覺頗深刻，很奇妙，就算只是一碗泡麵，在高雄家裡煮來吃的，好像都比我在台北獨居房子裡吃的美味多了。可能是因為廚房依然有人照料設備俱全乾淨好用，也可能就是有我媽依然忙碌又龜毛的在主持著這幾坪大的吃飯空間。於是每每回到家，先去檢查冰箱與食物櫃，看看有什麼可以馬上填飽肚子，成了我遊子返家不管如何一定會做的例行公事。

那個高雄家，在我四十歲之後，似乎有種讓人感覺安心也想待著吃飯的神奇力量。

所以最近返家的時候，也沒哪特別想去了其實，只要能在家就盡量待在家吃飯，如果沒有工作需要外出時更是如此。我愛和家人們一起吃飯，再怎麼簡單吃都好。即使只有我跟我爸坐在那張餐桌，媽媽依舊會在廚房裡張羅著食物給我們兩位「老陳」；有時候多了兩個孫子，兩位「小陳」，和我弟與弟妹一同回來爺爺奶奶家蹭食，就會有討小孩子喜歡的菜色，出現在圍滿全家人之後看起來更小的那張餐桌上。

媽媽是標準的台南媳婦。我後來都這樣定義我的媽媽。那是獨特的家庭背景與家教與上個世紀純樸年代訓練出來的無可取代。媽媽與姊妹們從小幫忙家事，也工作貼補家用，就讀台南家專家政科，嫁人之後協助婆婆照顧大家庭的逢年過節，起居吃喝。在高雄的成長歲月，我幾乎都是吃媽媽的手藝長大的。雖然我說過我不是在強調美食的家庭長大的小孩，但我媽是真的很會做菜，也很能照料我們的胃口，把我和弟弟都養得白胖好命（事後證明各種零食與速食才我們是變胖的元兇）。

那些基本的煎煮炒炸，電視上看到的外面吃過的，爸爸喜愛而媽媽也想試做看看的，我自己開始做菜之後才深刻明白了，我媽那些個又上班又趕回家做菜的日子是多麼勞心又勞力。而且印象中她從來都沒有說過什麼，太難了我不會我不知道，然後讓餐桌上少了應該有的菜色。比方我阿嬤那些鄉下味的招牌菜，煮了一輩子的老台南菜，身為長媳，我媽可是青出於藍，甚至改良成自己的做法（該說懂變通，還是愛耍小聰明）。我後來才知道，阿嬤偶爾會碎唸她的媳婦我的老母，愛怎麼做就怎麼做，讓她老人家有點看不慣。

記憶也許不可靠，在媽媽與父親離異、不在家擔任掌廚好媳婦的這段期間，我因為開始踏入廚房學做菜，接手了這個老人家覺得讓長孫來搞實在不妥的烹飪大任。當嬤孫同在台南老家那個既舊又小的廚房煮菜備料時，才有機會聊著一些她老人家還能想起而我第一次聽到的，這點婆媳之間的瑣事與碎唸。

移居台北開了貓下去之後，有那麼幾年是忙得不可開交，少能返鄉。如有偷閒回到南部，對我來說最棒的，就是在家做菜吃飯。但媽媽後來都說我平常在餐廳已經很忙，叫我回高雄就不要再進廚房了，幫幫小忙可以，碰灶咖這些會熱會累的事情，她來就行。最驚人的是她其實已經茹素多年——而且是只要經過動物身體的她都不吃的那種素——但做起葷菜給我們吃，那調味，沒開玩笑，還真是準確到不行。那根本就是做了一輩子家常菜做到根植在潛意識裡的反射動作，全憑感覺。比專業還專業或許。有時候我剛好在家，她會叫我幫忙試個鹹鮮滋味，但她沒一次失手的，以致後來我都會跟她說不用試了啦妳根本閉著眼睛做都行！

她真是一口味道都沒試，還是可以煎好牛排烤熟羊排煮鍋排骨湯做出咖哩飯，給我們家裡這些老老小小吃個開懷。至於現在她的主修科目，那些素食物，說真的，更是好吃到沒話說。畢竟這可是一輩子的品味與經驗加總，是從挑選素料到煮湯炒菜都不會失準頭的標準老媽子手藝。這些年她發現我蔬菜吃得多，也可以無肉，就更愛與我分享那些不解風情獨愛肉食的老人家我父親完全看不上的素食好料——不只是菜葉而已，還有好吃到誇張的各類素丸子、豆製品、素泡麵，以及他們慈濟師兄師姐平常會一同分享的素食好味。

我媽媽做的最好吃的菜色，現在公認是炒米粉（當然是素的），連我台北那挑嘴的老相好都覺得好。她本人也挺有自信，說那個誰誰誰也是一吃就愛上，時不時都會要她露兩手，來個不說沒人會覺得是素的炒米粉，餵飽大家的期待。她說，訣竅是控制水分，還要挑對米粉，炒起來蓬鬆油香就好吃。不能太濕太軟太塌，這樣不及格。至於用料就是蘿蔔與香菇以及一些耐炒的葉菜我記得是。老實說我還沒機會學透這件事，因為只要一回家，除非父親又端出什麼好市多買的大塊肉要我處理，剩下的時候，我只需要當個嘴巴甜、等著吃的好兒子，就行。

「有要回家吃飯嗎？」

從電話那一頭或在 Line 的訊息裡，媽媽這句簡單的話對現在的我來說不再簡單。和青春期不懂事只想待在外面只想到處去野的那時候的我，也全然不同了。有家的感覺、有家人的情感、有人關懷、有人在意你吃飽了沒，都是很不容易也很值得珍惜的事情。

通常我都會說好，說有，說不要太麻煩我回家有什麼吃什麼就可以。

很好笑的是，我媽也默契十足，知道我就愛吃她推薦的那個麻辣素泡麵，回到家一看，她早就幫我把兩包麵都放到了流理台上。

寫給老派生活有約吃飯的最終原鄉。

如果可以，我們，就回家吃飯。

Chapter Six

約在
貓下去

Meet me at the best place in town

怎麼吃貓下去

這不是一篇老王賣瓜。

但如果你正好約會的對象是我，也不介意與我相約貓下去，點菜的時候，或許我可以給上一點建議。

早一點的午餐，伴隨著剛見面的一句早安，我會先問你要喝什麼。我們的咖啡不錯，從台南大橋一街來的，冷的熱的，牛奶或植物奶，基本的那些都有你不要客氣。點餐在這個最完美的時候，我都會說來個三明治是一定要的，就是我們的那個 BLT 總匯三明治。如果你也愛吐司夾上好料，而且剛好早餐還沒有吃。這個熱賣十五年歷久彌新，多人喜愛少人嫌的經典食物，或多或少說明了貓下去的靈魂何在，以及那條走過年代還能追溯脈絡的，來時路。

我會再來一盤凱薩沙拉配玉米筍沙拉，如果你不介意，就是這樣的麵包蔬菜，輕鬆寫意，兩個人剛剛好。烤過的蜂蜜吐司夾上番茄片與生菜絲，煎過的蛋，酸酸的醬與水煮培根，相信我，吃一口你就會愛。配著既有原味又有濃郁調味的葉菜與根莖，只要天氣大好，這就是一種少人提及的室內野餐。

如果想吃麵飯，一個正常的習慣在正常的午餐時間，我們也有很多選擇。一碗純素的酸辣涼麵，或是特製紅椒辣醬配上牛肉片的芝麻風味紅醬涼麵，都很不賴。烤個蔬菜，蘆筍或櫛瓜，喝杯單純的紅茶綠茶，可吃飽可吃巧。

薯條呢，要點當然沒問題，三明治有附一份粗薯，單點的冠軍薯條我想來一份原味的就可以。

週末的話我們可以約午後，午餐後晚餐前的下午茶，或是當作晚一點的早午餐，也行。我一樣會先問你要喝啥，喝酒嗎？白酒好吧？還是自然酒？或老派一點的，先來瓶氣泡酒？

這是浪漫派最能胡亂的時刻，我總是這樣說。所以喝什麼很重要。

在週末的台北相約消磨時間，天氣如果不錯，坐室內或室外都行。先吃個魚子醬蜂蜜吐司或煉乳滑蛋炸麵包，還是要八塊肌奶油餐包配沙拉？不然你內行，知道還有好幾種漢堡可以應付這種需要澱粉與奶油的下午時光。我會建議是炸雞堡，不要牛肉的，配白酒，或咖啡。如果你執意要喝草莓奶昔也沒關係我不會阻止你。

相約就是要開心，我會再點一盤起司蜂蜜。很少人知道我們有這東西，在菜單上與甜點放在一起，卡門貝爾軟起司沾上蜂蜜與糖漬柳橙丁，好吃到會彈舌喔（台語說法）。

至於晚餐，晚餐就看天氣看心情看你當下是美麗帥氣或邋遢低迷。別誤會我的意思，我還是熱情如昔也擅於安排飯局。和老外與日本人的習慣不同，我會先點餐，因為怕你肚子餓以及菜要等得久。想吃肉？牛排烤雞選一個。想吃菜？烤茭白筍和綜合菇？我會點一個招牌鹹水雞沙拉給你，如果碰巧你還真沒吃過。澱粉建議來個麻婆豆腐配白飯，或是咖哩飯，我們的牛肉咖哩飯少人知道但四季皆宜，讚的。想吃麵就給你自己挑。還是要來個披薩？聊天再配上一兩杯酒，一兩瓶也行。

菜單上的烤香腸是真的很熱門很好吃，但我覺得真有必要再點就好。兩個人，約晚餐，我通常是肉多菜夠就好，不能餓到但也避免吃太飽。

然後我一定會問甜點。

黑糖粉圓冰？還是要布丁？不然我們那個用奶油檸檬醬沾著餅乾吃的檸檬塔，也算是個經典。我個人是蠻愛自己發明的那杯現做提拉米蘇，如果你胃口好，也愛馬斯卡彭起司，我們就點來吃！

晚餐後的時段餐廳通常喧鬧，氣氛有如熱炒。如果真要談點事情也不介意，後頭有小小的吧檯桌，可以並坐在一起。

大概就是這樣，小聊怎麼吃貓下去，如果你是約我一起也不介意我拿主意。

當然食物選擇還有很多啦，比方紅油抄手和水餃，三種口味的煲仔飯或花枝丸，林林總總。疫情後的我們是縮編了許多費工的菜色，但即使是現在要吃完貓下去的全餐，可能還是困難，可能還是得多來約吃飯，讓我來安排或招待，貓下去某些很低調不張揚的小盤菜，我們愛的菜，讓你有機會品嚐喜歡愛。

喔對了，我們的沖繩 Orion 生啤也是又冰又鮮又好喝，又大壺。如果你也曾經老派生活有啤酒屋之記憶，不論年紀，我很愛也建議先來杯啤酒再吃東西。

:)

一起吃員工餐

多年來有個都市傳說是，當你遊離失所在台北的下午，可以來到貓下去找我們喝杯飲料，和餐廳的所有夥伴們一起，加入我們從客人變成自己人的真正儀式——吃個員工餐。

貓下去收服了各大美食家的那碗著名「招牌涼麵」，原本其實是我煮給夥伴們快速解飢的宵夜，原版是用義大利麵條，滾水十分鐘煮到軟，鎮冰水，拌上日式煎焙胡麻醬、橄欖油、伍斯特醋、塔巴斯科辣椒醬，以及最重要的稠化劑——美乃滋。有別於台北訪間常見的麻醬涼麵，現煮冰鎮的麵條帶著一種脫俗的Q勁，配上一把青蒜花，就能讓大家吃個涮嘴滿懷。從十幾年前開始，偶爾在廚房煮著這一碗新式涼麵，添飽大家的肚子，當時還真沒想過，有一天會成為客人們趨之若鶩的經典菜色，也成就一抹台北餐桌上的奇特風景。

在貓下去員工餐的故事裡頭，還有一道菜色叫做「肉丸子炸蛋」，就是想到的那個英倫家常食物，在肉丸子裡包裹一顆半熟蛋的「蘇格蘭蛋」。原本只是想做做看，做著吃著幾次之後發現實在太有滿足感，所以又決定放上菜單賣給客人。早些年是用整條的豬梅花絞肉與紅蔥頭碎末混合，再以義大利風味濃郁的馬郁蘭香草與培根做調味，裹入一顆煮到剛剛好七分熟、切開會有蛋黃流出的水煮蛋。後來加入更多巧思，把台味入菜，用臘肉丁增添一種既熟悉又陌生的點睛滋味，成就了我們這一道既家常又創意的獨一無二「獅子頭鑲蛋」。

十多年來，貓下去的員工餐菜色數量之多，族繁不及備載。員工餐也一直是貓下去這家餐廳很重要的儀式與文化，是一種精神與信仰，兼很多菜色的試驗場，一天又一天，一餐又一餐，默默的推動著整家餐廳往前走。你現在來我們這裡吃到的起司漢堡、披薩、炸雞，還有抄手，從頭到尾都是從下午那一桌員工餐，再到宵夜的一鍋菜，給發現與發明的，一種混搭過後的獨特吃法。

如果你還知道我們菜單上有一碗叫做「XO 醬擔仔麵」的湯麵，那我要跟你說，你沒猜錯，那就是一碗從員工餐變化出來的「貓下去拉麵」。

當然還有任何你想得到的炒飯還是燴飯、炒麵還是米粉湯、鹹粥或是西班牙海鮮飯，這些基本又能餵飽大家的澱粉食物，大鍋大鍋的東西，各種變化版本，我們做得可是比你想的多很多很多。

雖歷經營業型態的改變，供應這一頓下午餐食的型態也多有改變，但這裡不會有內場應付了事外場要吃吃不吃就拉倒的情事發生。尤其是經過了疫情後的組織重建，員工餐強調的「先為彼此服務，才能服務客人」的態度，是團隊建立很重要的觀念。內場烹飪食物，外場負責飲料，有時候還有甜點分享，或是更多一點，每個月一定有一天，負責烘焙的夥伴會端出蛋糕，給當月壽星們一個驚喜，順便讓大家唱唱生日快樂，許願也吹蠟燭。

如果有機會，和我們坐在一起吃員工餐，我想你會深刻感受到貓下去這家餐廳之所如此不同又充滿生命力的原因。就是從這樣一個小小的歇息時刻，給予彼此能量，培養出團隊合作的默契，以及多數時候沒有被看見的歡樂氣氛。

就算祝你生日快樂唱得五音不全，但還是聽得出我們珍惜有你。

我始終想寫出這個在你們平常見不著的時刻所發生的，關於貓下去這家餐廳的故事。關於靈魂、氣味，以及你都聽過，在螢幕看過，但不知道其中所以的，餐廳員工餐。

不得不說，有些喜愛來喝酒拖檯的常客後來也都食髓知味，知道只要在收班前的時間走進貓下去，就一定可以，說要到但其實是盧到，一碗甚或一大份當天的員工宵夜。不知道是不是因為免錢的最好吃，後來的後來，我們的客人們還會引以為傲的對著同行友人大聲嚷嚷。

「這可是只有我來才要得到的呢！」（Apple 朱我沒有說是妳。）

2012 年我寫了一篇，關於貓下去當時的狀態以及，面對員工餐這件事的心態，現在看來格外有感。因為我們真的是有繼續堅持，然後成就了這個真實又堅定的，餐廳信念。

｜關於靈魂、氣味，以及你所不知道的餐館員工餐｜

把時間拉到每天的下午四點半。這是餐館裡頭大家都得坐下來一起吃飯的時間，至少在我工作的地方是。以八到十個人的排班，每天在餐桌上的東西，一定都有麵飯等澱粉食物、蔬菜、麵包，海鮮魚肉等大盤菜擺上桌讓大家分食。並不一定是西餐的東西，也有許多我們吃慣的台灣食物，做法可能會更像我們的風格。有可能是低溫烹調豬五花去做脆皮燒肉，也有可能是手工義大利麵去做中式炒麵。同行常說，這時候，才是一間餐館最真實的氣味，也是一間餐館最根本的核心價值。而這是全世界所有頂尖的餐館教會我的事情。員工餐，如果連服務吃喝的人都沒有辦法在自己工作的地方好好吃上一頓撫慰人心的東西，那我想關於你要賣什麼高不高級厲不厲害的食物與酒精，多多少少都存在著一種自欺欺人的虛偽。

員工餐對我所經營的餐館來說是很重要的事情。對所有餐館來說其實也是。員工餐這件事情在真實生意上，可以反映的問題很多，包含廚房裡頭工作的人態度是否正面，包含餐館的主事者是否真的在乎食物成本與員工的基本需求，也反映了每天一同工作的人是否更像一個團隊般相處。在貓下去，我們在每天烹煮員工餐的過程中試驗平常想做但不一定能拿來販售的新產品、新概念，我們會討論這些菜的做法與它該被怎麼吃，藉著彼此對食物的看法，來思考服務的方式與尋找下一個生意的可能。有一句名言是這樣說，看一個人吃什麼東西，就知道他是什麼樣的人；把主角換成餐館，看一間餐館怎麼吃員工餐，就知道這是什麼樣的一間餐館。

在我漫長的工作生涯中，曾遇到許多餐館是用便當來作員工餐的。各種高級餐館，米其林等級的，其實都出現過便當。甚至在我剛開業的前幾年，也有忙不過來得依賴外賣當員工餐的時刻。但那些吃著便當食物的氣氛，就是讓人覺得怪怪的。不管生意再好，端出去的菜再 fine，我總覺得，在那餐館裡頭，真實是缺了很深很深的一塊最最重要的靈魂。

回到我們開頭的下午四點半。如果你在這個時間來到貓下去，基於朋友一場，我們可能會邀請你一起坐下，拿一只盤子與叉子，一起吃點食物，喝點我們在試飲的啤酒葡萄酒，一邊聽聽我們說的神經質笑話與互相挖苦的話。也可能可以參與一些聽起來瘋瘋的概念討論。這個時間一直是我所認定的，一間餐館最寶貴的時刻。它讓這裡所有參與工作的人為了彼此而思考，為了彼此而付出時間與體力，讓每個夥伴都有一種不是為了老闆為了餐館生意而做事的企圖。它只是為了讓大家更好。而這是每天真正吃下我們肚子裡的東西，一種讓人感覺到無比滿足的氣味、一種停頓、休息，一種互相打氣以及，讓我們可以繼續相信彼此然後一起工作下去的力氣。

因為愛著電影
所以

我是熱愛電影的。

也知道我們可能是最後一個會說出愛電影的世代了。在串流還沒有成為潮流以前，我們的青春、生命、喜怒哀樂與空虛寂寞，時時刻刻都是因為有著電影，才有了洗滌與填滿，才有了情緒著落，才有了許許多多眼界的開闊，才懂了那些對於世界的想像與期待。那是對於未來的憧憬，對於愛對於人生，甚至是性與搖滾與另類與創作的寄情。矯情又老梗的說，電影給了我很多的感動。很多很多的。沒有電影，或許，可能，就沒有一開始的貓下去了。這絕對不是掰話。比方 BLT 三明治，我的愛，就是從那部《真情快譯通》看來的。深夜下班的大廚，回到家第一件事，就是為自己做一個蛋黃橫流培根生菜番茄與麵包層層相疊的總匯三明治。如法炮製在家裡製作也餵飽室友們多次之後，毫無懸念的在開了餐廳之後，這三明治被我擺上了菜單，一路就，賣到了十五年後的現在。

這部電影的廚藝顧問，名廚湯瑪斯．凱勒，還提供了另一道知名法式家常料理在《料理鼠王》裡頭，是的，就是那道知名的普羅旺斯燉菜（ratatouille）。動畫裡關於這道菜的做法與形式，與凱勒師傅在加州酒鄉納帕谷的知名餐廳 The French Laundry 所供應的燉菜，相似度極高，是一道真實存在於世界某處的 fine dinning 菜色。

《姊妹》裡頭的美國南方炸雞，與我們本來就很愛的比司吉；西班牙海鮮飯，與陽光無限的海邊城鎮，來自曾經有部電影叫做《露西雅與慾樂園》；義大利麵與義大利餐廳，馬丁．史柯西斯的電影常常不經意穿插而過；也關於紐約的，許許多多電影都有的，《當哈利遇上莎莉》的 Katz's 燻牛肉三明治；《小鬼當家》第二集的 The Plaza Hotel，與供應早餐下午茶的那個著名的「棕櫚廳」。《第凡內早餐》，第一幕，徹夜派對的女主角搭著計程車刻意來到珠寶店的大廚窗前，吃著可頌看著自己的倒影；《我的藍莓夜》，王家衛與卜洛克（Lawrence Block），藍莓與派，其實只是一個過場的食物，但我也曾經取巧的用消化餅混合奶油來當作餅皮，幾可亂真的做了個藍莓塔當作野餐的餐後甜點。當然還有很多飲食場景因為電影而讓我印象深刻。再講到王家衛，《重慶森林》與香港，警員 663 每天去熟食店買的主廚沙拉；《非關男孩》與倫敦，男女主角第一次約會那家叫做 Hakkasan 的廣東菜餐廳；楊德昌的《麻將》與《一一》，台北的九〇年代，美式餐廳 TGI FRIDAYS 與夜店般的 Hard

Rock Café；《美國情緣》，依然紐約，那即將被命運牽繫愛情的男女主角喝著巧克力冰沙的甜點店就叫做 Serendipity 3，也是電影名字那個超難翻譯的單字 serendipity 的由來。

如果再把 007 電影必喝的馬丁尼（Martini）、《熟男型不型》紳士必須都會在家做的老時髦（Old Fashioned）、《醉後大丈夫》喝到劇情超展開的野格炸彈（Jager Bomb）這類雞尾酒各種酒穿插關鍵劇情的電影算進來，可以聊的電影事就更多了。《班傑明的奇幻旅程》，不經意但關鍵的父子相遇，坐在紐奧良酒吧裡喝到方休的那一杯，就是號稱世界上第一杯被調製出來的雞尾酒賽澤瑞克（Sazerac）；《成名在望》與《滯留生》喝的美國威士忌；《金牌特務》喝的蘇格蘭威士忌；《醉好的時光》打開主角喝酒開關的，就是香檳開胃之後用伏特加配魚子醬。《尋找新方向》，我鍾愛的一部電影，經典的波爾多葡萄酒名廠白馬堡（Chateau Cheval Blanc）搭配加州葡萄酒的混亂，還有電影劇照那張看似隨意但重要的野餐畫面；基奴・李維早期演過一部電影叫做《漫步在雲端》，也是與葡萄酒相關的浪漫愛情劇。還有你怎麼可以忘記《愛情不用翻譯》？那部電影帶紅了日本三多利的「響」威士忌以及，男女主角初次邂逅在 Park Hyatt Tokyo 的高空酒吧。

太多太多。真的。好愛《口白人生》裡頭的那個糕餅店女老闆的人設，如果你看過威爾・法洛主演的這部經典藝文電影。

《天菜大廚》、《料理絕配》、《美味關係》，都有法國菜的影子。魏斯・安德森的經典電影《布達佩斯大飯店》裡頭的餐飲場景，與實景定格動畫《犬之島》那些可愛的日本料理。李安的《飲食男女》，台灣的味道，那是得自己看過一次才能感受的色香菜，人情愛。還有無處不在的烤雞，美國英國電影裡面都有的烤雞，好像不會做烤雞就拍不了節慶賀歲片似的。好多吃吃喝喝，好多被記得的是電影還是食物，瀨尿牛丸還是《食神》，都可以，都沒有不行，我只問有人不記得那一碗黯然銷魂飯嗎？

相較於現在，影集掛帥，人設具足主題鮮明的觀看世代，在我們那個看電影小心翼翼處處留心反覆重看只想發掘彩蛋與細節的美好年代——老派的自以為——可能真的，一去不復返。

看看我寫了這麼多的電影實在是歷史悠久就可明白，這種電影文藝，真的，不是，可以速成以及現在流行的事情了。

但又如何？

這樣一寫完你我是不是，又想起了哪部電影有個畫面好有記憶但模模糊糊隱隱約約於是所以，我們就又有了，去找電影來回味的理由與動力。

因為愛著電影。

這次就先不聊影集了。

論中秋舉辦烤肉趴之沒有很難與有其必要

雖說我對中秋節一定要烤肉這件事感到不解，但我的人生跑馬燈裡頭，確實也有段關於幼時的烤肉記憶無法抹去。

那是我在台南的姑姑們正值台語講的「做小姐*」的九〇年代初期吧，有那麼一兩次，我依稀記得，她們就在阿嬤家的透天厝三樓陽台，用烤肉醬與人造奶油乳瑪琳，燒烤著肉片配著吐司，拼命餵食當時還不知道「胖」字怎麼寫的家中金孫年幼肥嫩的陳陸寬也就是我本人。

---

*台語講的「做小姐的年代」，在上個世紀指涉的是女子開始出社會上班且還單身的時候，並非是去聲色場所當坐檯小姐，特此註明以正視聽。

烤肉這回事是這樣啦，如果不是自小家裡就很熱衷，通常光是吃覺得很爽，但其實不太會去想到需要預先採買準備，以及事後清潔善後各種瑣事處理起來的辛勞。這也是成年之後的我開始會跟著同儕們一起張羅食物辦派對，才漸漸察覺到的事情全貌。一般聽到要烤肉都會很開心，但每每到了烤的當下，如果沒有一個自願蹲火坑的爐主，一肩挑起燒好肉給大家吃的重責大任，說真的，結果都是搞得稀巴爛居多。喜歡烤肉的，大多都是張開嘴巴等著吃的；真能把肉烤好的，大概都是經過些許做菜訓練的廚佬，或從小就是戶外烤肉咖專業戶來著。關於這點，絕對是需要一點專業。

我呢，從小就不迷烤肉這件事。就算受邀參加某個烤肉聚餐，頂多是坐在一旁等吃當壁花。雖然我是哈日年代長大的 90 kids，倒沒有因此愛上燒肉串燒這類日式居酒料理，也沒有因為我是好萊塢電影迷，就一直幻想要弄個老美庭院式巴比 Q 那種，更不用說自動自發主持中秋節烤肉趴這類盛大活動。

然而疫情後的這兩年，嗯……我還真有點變了。

或許因為年紀，可能還是個性，就在去年某個貓下去店休日的週二，每個月固定與兩個實習生相約上市場買菜做飯餵食同仁的普通日子，臨時起意（也可能是灶神的旨意），想說後巷那台多年前從好市多買來的燒烤車許久沒用了。先別管理由，我們不然就帶種一點，來個地中海式的主題燒烤，弄桌菜給大家吃好了。於是當天隨意買了大塊的豬胛心肉（豬肉攤那滿手刺青的女兒推薦）、台灣產牛腹肉（阿姨邊切邊說這好吃）、品質尚可的冷凍章魚（比巴掌還大），還有大蝦蛤蠣外加一堆彩椒蔬菜拍照用。而我，一個根本沒學過正格燒烤的中年男子，與兩個廚事菜雞，就在貓下去的酒吧戶外區，靠著那台略嫌破舊生鏽的燒烤設備，從生火開始到烤了一桌，老實說，滿足感成就感之高，還真有點嚇到我自己（與夥伴們或許）。

那就像是人生邁入中年突然發現原來某些事情根本也沒有很難嘛的王八蛋氛圍（甚至有點氣自己）。

但至少我很清楚，烹飪這回事啊，老話一句，永遠關乎時間與溫度的對價關係。燒烤就是這個概念的基本運用。除了理解炭火高低溫造成的效果差異，你對於食材的本質要有認知，對於調味的結果要有掌握，更重要的是還有對於大家愛吃什麼呢，要有廣泛理解（才能做好服務嘛）。所以這烤肉要做得好，絕對不是你以為的炫技，滿足大家最基本的口腹之慾才是正解。

該燒香烤嫩的肉就不要挑太瘦太假掰的部位來挑戰運氣。豬肉的話梅花最棒，切片或整塊烤都合宜。牛肉建議牛小排，既安全又受歡迎。雞肉哪個部位都可以，但雞翅那節棒棒腿和烤肉醬最速配。香腸是必備，這個免提醒。至於蔬菜就是多樣化，經得起高溫悶燒的是最好，比方地瓜和玉米，抹上奶油包進鋁箔紙，丟進低溫炭火裡，它們就能自己烤自己。我這一年喜愛高麗菜整球切片之後快速悶烤出水，淋上橄欖油，會變成既像燒烤又像拌炒的一盤美味。

海鮮不能少，尤其是那些無腦的軟足類和燒烤大師必備的鮮紅海蝦，畫面張力十足。然後是麵包了，我想身為烤肉粉，應該沒有人會忘記烤肉就是配麵包。必要的時候備上品質不賴的裸麥麵包給懂吃的人（像我），吐司不要挑太濕軟的是常識，要能烤香烤脆的，最好吃。我是在辦了這個烤肉趴之後，才發現我們餐廳那些平常做三明治剩下的蜂蜜吐司「邊」，就是很容易烤出甜香和酥脆口感的麵包載體。說真的，蜂蜜配上炭燒香氣，夾烤肉，風味絕佳！

總之這就是 2024 年我開始在貓下去相約中秋烤肉趴的緣起。我覺得，和夥伴們一起協力準備烤肉這件事，對我們來說是輕而易舉就能用基礎廚藝嚇唬人兼聯繫感情的好主意好議題——甚至因為我們有個不賴的場地，讓這一天成了極為難忘的一段記憶，以及光是拍照都覺得真不是蓋的吃喝場景。好天氣，好交情，有人烤肉有人吃肉，有人帶月餅有人帶蛋黃酥有人剝柚子，這樣的情境，如此自然而然的在 2024 這一年成了我心喜愛的儀式，與認為有必要年復一年繼續辦下去的某種老派生活有相約交誼之必需。

我們的祕密武器當然是專業啤酒機，可以隨時來一杯冰涼又暢快的生啤酒配烤肉，大加分。

一場如此作弊又爽快的烤肉趴，在台北某個餐廳的中秋聯歡會是這樣被舉辦的。我呢，特地，以此文公告望周知，歡迎每年賞月時分，或許啦，一起來共襄盛舉！

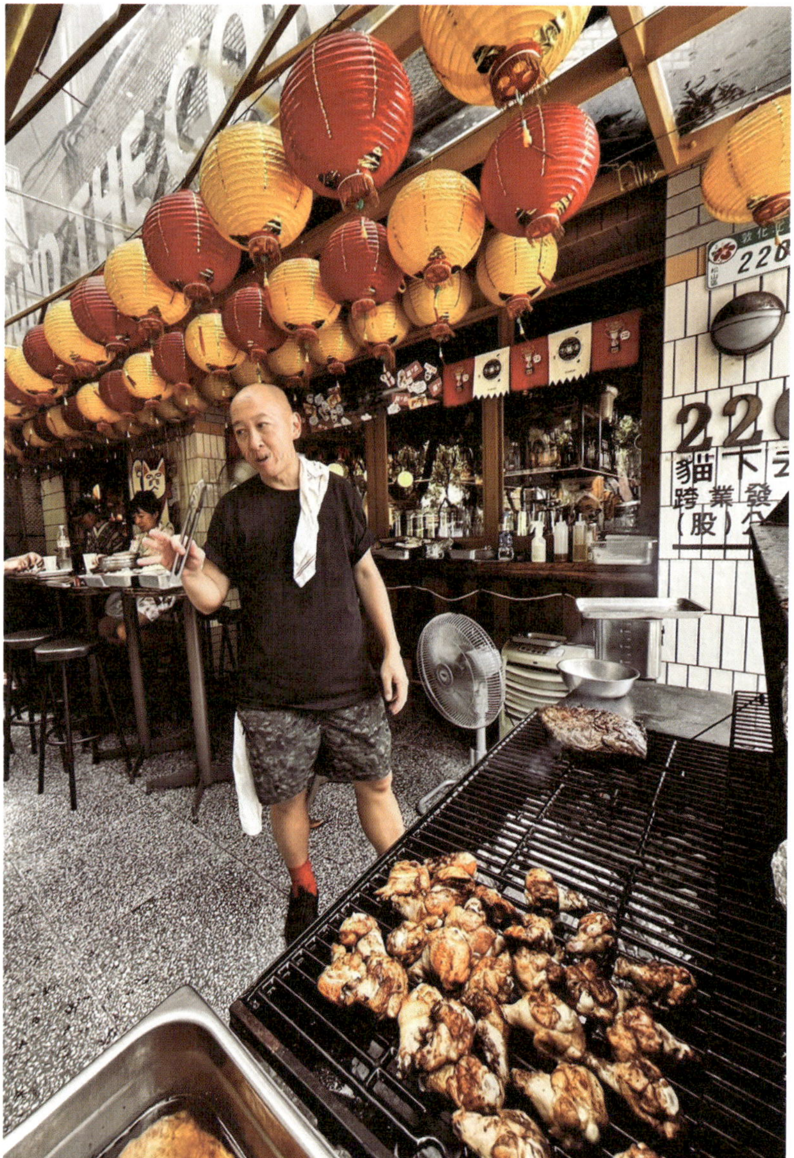
220
貓下
跨業發
(股)

來吃飯吧，
今晚我做菜

某晚在某個宴席上，我聽同桌長輩不停說著他在家裡怎麼做菜，誰在哪個晚上吃到哪道菜，甚至笑了我怎麼沒在他家吃過他做的菜。後來的整個晚上，我一邊吃美食喝佳釀，一邊有個念頭在我心上盤旋不去。如果是我，有天生活也可以和工作平衡，也有地方落腳，有個屋子有個像樣的廚房與餐桌了，我會怎麼過日子？我也會時不時做菜為自己，為可能有的家人，或是在一個說好的日子，呼朋引伴來到我的家只為了做菜燒飯，一起吃喝相聚，談天說地？

我好久沒有過上這種日子，內心突然一陣莫名空虛與幽幽的恐懼。感覺遙遠但不過才十來年，我在開設貓下去這家餐廳之前，經常做著這樣的事情。不管是在高雄的那個家，或是台北的租屋處，走進廚房是我的生活重心，也及寫作，在餐廳工作之餘。時常會想要做某些剛從食譜書上，或是旅遊生活頻道節目裡看到的菜色，而決定做一桌午餐、晚餐、週末的早午餐或隨性的下午茶。那是我最常想到要有個房子，有個家的時期。

我烹飪不只是為了工作，而是我發現自己，藉著這個喜好，有能力為愛的人安排食物，設好宴席，隨時相聚。

這種 life style 讓我感覺自己與眾不同在當時。

我喜歡那個存在感，多過在乎自己的健康與體重與職業生涯。生活之於我是一頭埋進那樣的情境，甚至是連在台南阿嬤家，逢年過節只要我有返鄉，就一定會進廚幫忙，有時更會不顧老人家肯定要碎唸，擅作主張，弄出一些新菜色來餵飽家裡頭那些放假就是看電視等吃飯的家人們。

但確實是好久好久沒有做這件事情了。約說要不要一起吃飯？來我的地方。

曾經在徐州路小小貓下去初創那幾年，有時無時都在店休日的星期一，我會招幾個朋友、酒商，或客人，趁著我那想做點實驗或就只是想要做菜的念頭，招大家沒事就來吃個飯，喝些酒。在沒有營業的小小餐廳裡，我來作東，掌廚也侍酒。在靜謐的徐州路上，鐵門半開，裡頭亮燈，時不時傳出歡笑人聲、酒杯吭啷，老闆與一些人酒酣耳熱的坐在站在店門口聊天，猶如現在很熱門的私廚氣氛，好不熱鬧。我和嘻哈老哥，高雄同鄉迪拉胖，就是在那個時候建立交情的；旅居過紐約的設計師好友 Christine、知名髮型設計師 Chris，也是在那時從客人變成飯友的。應該有很多人被我邀請來過這個週一的晚餐局，但以我這男人四十的腦袋現在怎麼回想，哪些人在當時吃了什麼菜，早已經全沒印象，也可能因為那些吃飽喝足的當下，醉酒而記得模糊不清了。

我沒有約過任何一位長輩參加過這類飯局倒是真的。那時候沒這樣的想法。而最妙的是，我現在有了。應該是因為年紀也到了。我開始想著某種情感的聯繫，可能得藉著我這中生代，四十以上五十未滿的傢伙，來當作世代之間的連桿，傳承一點什麼，也收集一點故事。就像是這些年來，因著餐廳工作而認識的長輩們會邀請我、帶上我，記得有我可以一起吃飯，也覺得我適合加入飯局一起聊天一起喝酒的那樣合情合理。

或說單純是一種滿足自己的心之想望，也好。我的飯局，在我的家裡。

所以那晚之後，我就在想，如果今天我想做菜，約人來吃飯，與一桌不限年紀我愛的人，依我現在廚藝略為生疏的處境，可以開出什麼樣的菜單呢？

要有誠意，要有點廚藝，要能執行，更重要的是我不能因為做這一桌菜而把自己搞得七暈八素、灰頭土臉。應該是一天就能完成的事，而我最後要能好整以暇，坐下來扮演主人的角色，做好賓主盡歡的招待與服務。

畫面是，在人到齊之前，桌面得擺上一些小菜，這是基本伎倆。小菜可以佐酒配話，可以讓大家早到晚到的都有視覺與心理的開胃。

我還是會做醃漬橄欖，用橄欖油與酸豆鯷魚及新鮮大蒜辣椒拌在一起的西班牙tapas風格；一些現成的切片火腿與臘腸，稍微捲成有點波浪狀，淋點紅色的椒麻油，配上切小塊的恐龍蛋（這是一種水果），有點西，有點中，才像是我家會有的style。小黃瓜一定要，配上綠櫛瓜，一個切成小巧的滾刀塊，一個切成厚厚的圓片，灑鹽脫水，淋上橄欖油；對應新鮮的瓜，也該有一盅醃漬的酸瓜，與進口罐頭沙丁魚拌一起，刨上黃色檸檬皮，香氣與酸鹹風味兼具。

這個時候開上一瓶氣泡酒或冰涼的白酒，當作開場。廚房與餐桌，大家或坐或走動，邊聊邊探看等等吃什麼好料，用上叉子與手指就可以服務自己的嘴巴。

我會開始表演冷菜，當然是早就準備好只等組裝盛盤。做個溫沙拉，有炒蛋的，類似TUTTO BELLO的經典名菜炒蛋沙拉加上松露醬的版本。我會端上很久沒做但我曾經很自豪的生牛肉韃靼，用上與稍後主菜牛排同樣部位的肉來剁碎就行，調味則是依我在貓下去徐州路時期最愛的美國風格來改良這個法式酒館菜：美乃滋、黃芥末、芥末籽、塔巴斯科辣椒醬、伍斯特醋、鹽與黑胡椒，然後是一點點作弊的番茄醬。配料是切很細碎然後脫過水的洋蔥，就這樣，單純就很好。我會用湯匙塑形成有個凹洞的生漢堡排，上頭擱一顆蛋黃，一勺舀下蛋黃與調味好的生牛肉，配上烤好的吐司麵包一口咬，這真的不是——有也不多——你在別處會瞧見的一盤成人限定手工菜色。

前菜必要有海鮮。我很愛橄欖油煎帶殼劍蝦，大火大燒，煎炸一下，讓蝦殼酥脆，是個帶殼沾著日式美乃滋就很好吃的方式。番茄煮蛤蠣是我學會的第一道地中海料理，這也一定要有，但我會煮成湯的樣式，讓大家喝湯配酒，吃大大的蛤蠣配上番茄丁與九層塔，完全可以催化食慾。如果需要，我還會另備一些烤好放涼的豬里肌，切成熟肉盤，給不吃生與不吃牛的人。再送上不同風味的橄欖油比方柚子與煙燻風味的，大家自己沾著吃，增添一點吃的趣味。

有菜有肉有海鮮，酒就一直可以開下去。從白酒換成紅酒，不喝酒的人我也會準備一點氣泡水加紅茶來應應景。

主菜我想要烤牛排，也想要有烤雞，都是我好久沒在家做的西餐基本盤。牛肉我們就吃肋眼，厚厚大大的 20 盎司一塊是最好吃，奶油大蒜百里香的基本煎烤，我會在下午就預先煎過讓肉上色也熟成，好整以暇，等著要上桌前再慢慢翻滾於焦化奶油之中，讓肉成為五分熟，就可以。烤雞若有辦法，找一隻黃皮雞來烤是最棒。只要將雞本身擦乾灑鹽，先放在室溫下風乾，客人們都到齊之後送進烤箱一小時不到，就可以讓雞皮酥香而內裏熟透。我會放涼靜置一下，再淋點奶油送回烤箱增加焦香。至於配件的烤蔬菜，沒有比烤玉米更棒的，再多一個烤蘑菇配香菇，應該就，很夠吃。

麵包不要吃太多，即使桌上的菜都很適合配上麵包或夾或沾，但請多多留意胃的空間，不然你會吃不下我最後一盤讓大家都稱讚的義大利麵。

我會想做一個明太子醬與番茄糊當作基底的義大利麵，用上整桌菜都有用的素材比方洋蔥與香菇，臘腸與酸豆。煮義大利麵保證絕對不是烹飪節目上說的什麼預幾分鐘再悶熟最好吃，我可能會在麵條下水煮著醬汁的時候語帶諷刺的消遣這件事。煮麵和煮茶一樣，就是很滾的水，煮到剛剛好就是好。百味來的五號直麵是唯一選擇，1 公升的水對 10 公克的鹽，滾水煮 9 分半，就是彈牙。將麵與煮開也加了奶油的紅色醬汁翻攪拌勻，好好夾進盤子裡，灑上一些綠色味道如蔥花或芝麻葉、紫蘇或九層塔，就能上桌。再怎麼變換食材，我在麵上桌的時候都一定會說，煮義大利麵的邏輯就是好好煮醬汁，好好煮麵，拌在一起，就是好吃！

真的沒需要太特別的花招老實說。

喝了多少酒都沒關係，最重要的是開心。我也會問大家咁無呷飽，有備了起司與蜂蜜——這和現在貓下去的招數是重疊了——可以一起繼續配話配酒配撐著肚子聽音樂的餐後時刻。這一桌菜在這一晚，唯有甜點我會懶，如果不是吩咐哪個甜點專家順便帶上，不然就是我去買個 31 冰淇淋放在冰箱，跳跳糖與薄荷巧克力口味，想吃大夥再一起挖，如何？

不可能我還要做一個久違的草莓伊頓混亂*來懷舊與炫技吧？

拜託，我們早已經不是那個，抽著手捲菸，哈著英倫，想著歐風甜點的文藝青年了。不是嗎？

---

* 伊頓混亂（Eton mess）：一種傳統的英式甜點，由草莓或其他漿果、蛋白酥和鮮奶油混合而成。在我二十來歲滿腦子崇洋媚外的文青時期，與小黃瓜三明治、司康、奶油酥餅、椰棗太妃糖蛋糕、維多利亞海綿蛋糕，被我並列為太邪惡太過分的「英倫下午茶 food porn」。

OUTRO:
老派生活
有約吃飯之必要

我仍然迷戀著約會吃飯這回事。

我仍然會因為與人相約吃飯在早上、在午間，在不用工作之後的傍晚或某種特殊的時間情境裡，而感到興奮與期待。我會有所準備，不只是心情而已；會視相約的人物場所、相約的性質與當天的天氣，決定我該怎麼打扮衣著，決定該怎麼移動自己才能不至狼狽，然後好整以暇。

這不只是和我開餐廳、長期在餐飲圈子工作有關。

我察覺自己仍然老派。相較於疫情之後這個科技影響生活的時代，我依然在乎人與人的聯繫與碰面，在乎有所安排的吃喝與共處；我依然堅持必須花點心思在出門、在家聚、在城市生活的每個與人相聚的日子裡，都能有所記憶。不管是美好與百無聊賴，不管是不是後來還是孬孬的叫了 Uber Eats。一切都必須要像回事，才可以。

但我肯定是會想約在哪個餐廳，一直是。與重要的人，與愛的人，與各種必須的人情世故也行。好的餐廳永遠是製造關係與歡愉的重要場地，也肯定是不分年紀不分南北不論城鄉差距都能滿足身體放鬆心情談天說地甚至開懷暢飲的美好場域。

但絕對不是矯情的那些，不是太過夢幻與難以靠近的那種，不是專門供應拍照或者消費高端突顯身分地位與社會階級的諸如此類。那個餐廳，那個所在，或許該有的只是家常、情感、歸屬與安全的綜合體，也可能是，要自在要自然要自得其樂都可以的，那般確幸。如果有，在我的心底，那個餐廳肯定經典，歷史肯定悠久，也應該，要帶有相當的文化與服務的品味格調，才是，才行。

以我這個年紀的人來說，那就應該是一種老派生活與相約吃飯之必須。是不假掰，但也不隨便流俗；是在乎某些小小細節，但不去過度吹毛求疵；是知道自己的身分認同對應成長背景，以及伴隨年齡成熟之後知所進退的的真心喜愛。那可能是相約某處小吃攤的輕鬆寫意，可能是說好去某間老派牛排館的一頓晚餐；一間麻辣鍋，或鼎泰豐吃點心喝熱茶，也可能只是我們都愛的一間迴轉壽司屋、漢堡披薩店、義大利小館或海產餐廳；甚至可能只是在一間澳洲式餐館裡頭的滿桌甜點，配上幾瓶冰涼的夏多內白葡萄酒。

更重要的是老派生活對我來說有相約在家做菜與吃飯之必要。

那是所有儀式的發源地，是所有的開始與結束，是無可取代的家庭關聯，是我們逐漸遺失的一路走來與我們是誰。老派生活有相約親朋與好友一同在家相聚共樂之必要。我會這樣說。尤其是各種節日的餐桌必須。想起來了嗎？就像是元宵節的湯圓和清明節的潤餅捲，端午節的肉粽味增湯以及中秋節的烤肉趴甚至是，聖誕節與跨年的烤雞派對然後是，過年過節應該要有的屬於家裡的那桌年夜飯，而不是為求方便在外頭宴會餐廳與上百位不認識的陌生人共處一室的那個農曆除夕再到大年初一。

還有更多的是為了情人，為了伴侶，為了自己（與孩子或許）而在家的相約吃飯。我想著初來乍到脫南居北的遊子心情。我想到那個相約頂樓加蓋就著我的簡陋廚房，為曖昧對象與同學好友烹煮的那鍋高雄外省風格酸菜白肉鍋。窮中找吃的年代，你得要很會煮，也要很會設宴，才能成就一輩子難以忘懷的，私密回憶。

所以老派生活有約吃飯之必要。我想我們都會想念那個青春正美相約美式餐廳吃吃喝喝的時時刻刻。我想我們都會想念吃完飯在某個酒吧的繼續歡樂。我想我們都會想念的是一起走上長長一段路，散步也談話，聊天也說地，漫無目的，一直下去。我們會勾肩拉手，會說好下次再約，會同意不管由誰來作東，都必須要騰出時間為了彼此，吃什麼都行或只是約看電視吃麥當勞，都可以。老派的生活在這城市裡，相約吃飯的默契，我們都要記得的是，一切的一切，都只會愈來愈不容易了是吧或許。

記得我會選好餐廳，記得我會慎重赴約，記得當個客人要帶瓶酒給我，記得到我們家吃飯就要帶付好胃口。

記得那些吃飽喝足不論年紀的因為所以，我們就能讓餐桌上永遠都，充滿愛。

THE...
BEST
PLACE
IN TOWN

ACKNOWLEDGMENTS:
致謝

在南部，要問一個人帶不帶種，那句話通常用台語說出來的時候，都不是太好聽：「啊哩欸齁幹抹？」

懂的就懂。這其實是一句近似粗話的話。

而這本書就是在這樣一句話的氣氛裡，既搖滾又文青、既老派又荒謬的，給來到了各位面前。關於我那一直以來都有點白目、不入流，甚至是荒唐的飲食觀點，我想，真的是要獨具慧眼與夠帶種的人，才敢說要印成書本來發行。

所以要謝謝重版文化發行人賀郁文，貝莉，我的老朋友，謝謝妳的敢，讓這一切發生。謝謝妳看見了我在這本書裡頭渴望投入與展露的各種愛。

謝謝我的編輯阿爆，謝謝妳帶我從一堆 DEMO 帶裡頭找到了這張專輯的方向。沒有妳，我根本無法完成這一切。讓妳安排所有的進程我很安心，也欣賞其中的品味包含妳帶來的書本設計。

謝謝顏司奇，點滴在心，謝謝你一直給予的盲目支持與不間斷的酒精陪跑。謝謝費拉，當然的，很難習慣沒有妳的校稿與話癆，也謝謝妳的一直都在。

謝謝台北最強貓下去的團隊們，再一次，那些背後的支持，給了我一個永遠溫暖有愛的餐廳大家庭。

最後要謝謝每一個仍然會約我吃飯的朋友們，願我們可以繼續老派的相約，也隨時都能，有愛同在。

LH 008

老派生活有約吃飯之必要

作　　者　陳陸寬
責任編輯　吳愉萱
裝幀設計　謝佳穎
內頁排版　陳佩君
行銷企劃　賀郁文、賴盈伶
業務主任　楊善婷

發 行 人　賀郁文
出版發行　重版文化整合事業股份有限公司
臉書專頁　www.facebook.com/readdpublishing
聯絡信箱　service@readdpublishing.com

總 經 銷　聯合發行股份有限公司
地　　址　新北市新店區寶橋路 235 巷 6 弄 6 號 2 樓
電　　話　(02)2917-8022
傳　　真　(02)2915-6275

法律顧問　李柏洋
印　　製　中茂分色製版印刷事業股份有限公司

一版二刷　2025 年 6 月
定　　價　新台幣 550 元

國家圖書館出版品預行編目 (CIP) 資料

老派生活有約吃飯之必要 / 陳陸寬作 . -- 一版 . --
[臺北市] : 重版文化整合事業股份有限公司 , 2025.05
面 ; 公分

ISBN 978-626-99657-1-7(平裝)

1.CST: 飲食 2.CST: 文集

427.07　　114004583

版權所有　翻印必究
All Rights Reserved.